MAGICAL DETOX WATER

神奇的排毒水

车金佳 / 主编

SPM 南方出版传媒

广东科技出版社 | 全国优秀出版社

·广州·

图书在版编目（CIP）数据

神奇的排毒水 / 车金佳主编. —广州 ： 广东科技
出版社，2018.2（2018.8重印）
ISBN 978-7-5359-6826-5

Ⅰ.①神… Ⅱ.①车… Ⅲ.①果汁饮料－制作②蔬菜－
饮料－制作 Ⅳ.①TS275.5

中国版本图书馆CIP数据核字(2017)第307875号

责任编辑：曾永琳 温 微
封面设计：深圳市金版文化发展股份有限公司
责任校对：冯思婧
责任印制：吴华莲
出版发行：广东科技出版社
　　　　　（广州市环市东路水荫路11号 邮政编码：510075）
http://www.gdstp.com.cn
E-mail: gdkjyxb@gdstp.com.cn（营销）
E-mail: gdkjzbb@gdstp.com.cn（编务室）
经　　销：广东新华发行集团股份有限公司
印　　刷：深圳市雅佳图印刷有限公司
　　　　　（深圳市龙岗区坂田大发路29号C栋1楼 邮政编码：518000）
规　　格：723mm×1 020mm 1/16 印张12 字数172千
版　　次：2018年2月第1版
　　　　　2018年8月第2次印刷
定　　价：38.80元

如发现因印装质量问题影响阅读，请与承印厂联系调换。

目录

第一章

排毒水的神秘之旅

第二章
基础款排毒水

第三章

排毒水，让你与肥胖说拜拜

第四章
排毒水，让你与美颜相拥抱

第五章
排毒水，让你与健康亲吻

第一章

排毒水的
神秘之旅

　　想要制作出新鲜美味的排毒水，首先要对它进行一定的了解。本章主要介绍排毒水的健康小知识、常用食材、制作必备物品等，让你对排毒水有初步的了解，揭开排毒水的神秘面纱。现在我们一起开始排毒水之旅吧！

人身上为什么有毒？毒素来自哪里？

对人体的生理功能状态有不良影响的物质，都可以称为"毒素"。毒素会导致人体慢性中毒，从而引发很多疾病。人体的所有构件如血液、淋巴、关节、肠道、尿道、皮肤乃至每一个细胞都存在不同的垃圾。

那么，人体的毒素来自哪里呢？

来自于日常饮食及不良生活方式

食物经过人体的消化吸收会代谢成残渣，排出体外，即对身体没用或有毒的物质会形成大小便排出，若大小便无法及时排出毒素，会对身体有害。残渣中的一小部分会残留在大肠内部，这些残渣毒素积少成多便会形成硬体污垢，即"宿便"。毒素开始堆积在肠壁上，并开始变硬、发臭，宿便中的毒素会被肠壁重新吸收，进入血液，输送到全身，导致胀气、口臭、便秘、腹痛、痔疮等。

尤其是一些爱吃肉的人，在进食后很容易放又响又臭的屁。这是由于肉类在消化过程中会产生氨、二氧化硫，而这些代谢物对人体是无益的。当食用过多的肉而又排便不畅时，代谢物无法随着粪便排出体外，则会随着屁离开人体。

此外，若放纵食欲，过多地摄取高脂肪、高糖、高蛋白的食品，蔬果摄入过少，会导致消化不良，最终营养过剩，垃圾毒素积聚增多。

经常食用"垃圾食品"，对人体也是有害的，如腌腊食品及油炸食品、烧烤食品、霉变食品等，会有较强的致癌作用；香烟中有尼古丁、焦油、苯并芘及重金属也有致癌作用；酿酒原料中的农药残留、霉菌毒素等，长期摄入对人体也会产生不良影响。

以下不良的生活方式会造成人体毒素积存：

没有经常清理茶壶、水瓶等水具，久用后所产生的水垢会引起消化功能异常。

铝制锅、铲、勺的使用，以及含氢氧化铝的西药，均可导致摄入过多的铝，不仅会促使人体早衰，还会使人更易患阿尔茨海默病。

日常生活中，饮水过少、饮食不当、活动量过少，导致汗少、尿少、经常便秘；短浅呼吸导致呼出废气减少等。

来自于所处的环境

我们所处的生活环境对人体健康也会产生很大的影响。

如今环境污染越来越严重，人体内的污染也随之加重。如现在出门多遇雾霾，若不注意保养与排毒，毒素会导致人出现咳嗽、咽干等症状。空气污染（如空气中的烟尘、悬浮颗粒）、水污染，以及细菌、病毒的蔓延扩散，化学农药的使用，铅、汞、镉等重金属污染，洗洁用品的滥用，辐射物等环境污染，都会加速人体内毒素的积聚。

其实，我们的身体并没有对这些毒素视而不见，在正常情况下，人体自身的排毒系统如皮肤、淋巴、肝脏、肾脏、肺脏、胃肠等每时每刻都在工作，发挥其消除毒素的作用，维护我们的健康。但由于人们不注重日常保养，体内不断累积的毒素慢慢超出了自身排毒系统的排毒能力，从而导致无法及时排出所有毒素；另外，随着年龄的增长，脏腑器官功能下降，或者是患有人体排毒器官功能退化症的患者，也不能及时地将毒素排出体外。

来自于遗传的体质

当卵子与精子结合成为受精卵，来自于精子和卵子的遗传基因形成了个人的先天体质。中医学里的阴阳五行学说中介绍，人的体质自出生后可分为阴虚型、阳虚型、气滞血瘀型、痰湿型和气血两虚型等。阴虚型、阳虚型、气血两虚型体质易产生湿毒。

身体变差！毒素为何在身体累积？

日常生活节奏快，工作学习紧张，身体越来越差，这是现代人常会遇到的问题。身体是革命的本钱，好的身体能让我们更有精神与干劲。要拥有好的身体，应先了解毒素在体内积累的原因，从而"对症下药"。

外餐族，尤其要注意

随着生活节奏的加快，外餐族越来越多。点外卖、在外就餐等与在家做饭相比，的确更加方便省时。但是，在外就餐远没有在家做饭卫生、有营养。一些商家为了使食物更加美味，会大量使用食品添加剂，如过量使用味精等调味剂。这些食品添加剂一旦超过人体可承载的量，便会在体内积累，对身体产生不良影响。

排便不规律，毒素没有按时排出

人体可以通过排便将毒素排出体外。但是，便秘已经成为困扰许多现代人的问题之一。有时候，因为工作学习紧张，我们产生便意，却总是想着忍一下。便意就那么几分钟，忍一会儿后可能就消失了，想排便却无法捕捉到感觉，最终导致毒素无法正常排出。养成定时排便的习惯，能帮助肠道自动排毒，预防体内毒素堆积。

生活作息紊乱，喜欢熬夜

有时候，刷刷手机，看看电视，时间不知不觉就溜走了。熬夜让我们有更多的时间玩，可是它带来的不只是疲劳，还会导致身体无法正常排毒。大部分排毒器官会在晚上工作，如果长期熬夜，排毒器官将会罢工，身体便无法正常排毒。经常熬夜不利于新陈代谢，还会导致便秘、精神差、面色黯淡等。

动一动，更健康

生命在于运动，适当的运动如慢跑、散步等可以促进肠胃蠕动，从而帮助排便，排出毒素。此外，人在运动过程中，需要大量补水，而水是将毒素带出体外的好载体。坚持锻炼很难，但是一旦养成这个好习惯，愈发健康的身体也会随之而来。每周2~3次的运动，不仅能够帮助排毒，还能使得心情愉悦。

别担心！美味排毒水帮你解决问题

毒素在体内积累是挺让人担心的。但是，只要好好排毒就没问题。我们人体自带排毒功能，让这些功能充分运作，便可以将毒素排出。

水是人体的"内洗涤剂"

我们每天都得用水清洁体表的污垢，以保持身体的洁净卫生，这已经成为我们的日常习惯。而我们人体内环境的清洁，也不能缺少水的参与，有人把水比作人体的"内洗涤剂"。

癌症是因为有毒物质在人体细胞内长期积累，造成细胞损伤后又急性恶化的结果。可见使身体的细胞保持清洁，对人体的健康而言有多重要。癌细胞的扩散首先通过体液进行，我们体内的水5～10天更新一次，若保持体内有足够量的清洁的水，保证体内细胞健康洁净的生存环境，就可使人体自身免疫功能健全，就不会为癌细胞提供生存扩散的条件了。如果体内的水分不足，会导致代谢产物不能排出体外，从而影响细胞的洁净。

人体的新陈代谢可使体内绝大多数细胞每隔一定时间更换一次，绝大部分细胞在几年内就会被全新的细胞所取代，这种新陈代谢的过程必须要有清洁的水充满在细胞中，因此要给身体不断地补充洁净的水。

想要给身体清毒、排毒，饮水是首当其冲、无法忽视的条件。

膳食纤维有助于排毒

膳食纤维有可溶性（水溶性）和不可溶性（非水溶性）之分。

可溶性的膳食纤维可溶解于水，果胶和树胶等就属于其范畴，存在于自然界的非纤维性物质中。其具有黏性，能在肠道中大量吸收水分，使粪便保持柔软的状态，有利于粪便排出。

不可溶性膳食纤维对人体也有非常大的意义，纤维素、半纤维素、木质素是其中常见的3种。不可溶性纤维能够促进胃肠蠕动，增加粪便体积，促进排便。它能够吸附从体外进入的有害物质和体内制造的有害物质。

正常通畅的排便对于人体排毒是很重要的，因此，膳食纤维在排毒中的作用不言而喻。膳食纤维主要来源于植物性食物，因此在饮食中要重视对蔬果、豆类、粮谷类的摄入。

将水与不同的植物性食物完美结合，组成各式各样的排毒水，排毒效果非常好。

好好排毒，一身轻松

注意饮食，可以帮助我们减少食品添加剂或蔬果中农药化肥残留物的摄入，但是再怎么仔细注意，却也无法完全排除这些有害物质进入人体。此外，当空气受到污染时，我们在呼吸时也可能将空气中的污染物质吸入，导致毒素积累，想要过上不积累毒素的生活简直天方夜谭。

但是，问题再难，并不代表没有解决的方法。我们人类天生就具备排毒功能，如排便、排尿、流汗等都可以帮助我们将毒素排出，所以不要害怕毒素积累，排不出去，给身体健康带来不良影响。只要让这些排毒功能充分发挥它们的作用，有效率地运作，进入体内的毒物和多余废物就能够正常排出去，身体也会轻松健康。

培养你的排毒力

排便是去除体内毒素积累的最主要途径。人体有75%的毒素是通过粪便运输出去的，另外20%是由尿液排出，剩余的5%则形成汗水与皮脂。排便是排毒的主力军，一旦便秘，毒素将会在身体里持续积累，诸多身体不适症状也会接踵而来。所以说，"便秘是万恶之源"。

我们的身体虽然自带排毒功能，但是仍需要培养排毒力。便秘困扰着许多人，而且改善顽固便秘很不容易。所以，本书建议你根据自身喜好，将喜欢的水果蔬菜泡进凉开水或气泡水中，制作排毒水，打造专属于你的排毒力。排毒水中溶解了果蔬所含的水溶性植物纤维、维生素与矿物质，有助于将人体所积累的毒素形成粪便及尿液排出去，帮助调整身体健康。

要怎么喝才有效？

排毒水不能代替一日三餐

有这样的说法，只要坚持2~3天一日三餐只喝果蔬汁，就能够达到排毒瘦身、美容养颜的功效。然而这样做是不可取的。

大部分蔬菜水果有80%以上的成分是水，其他成分以碳水化合物为主，几乎不含脂肪和蛋白质。一瓶果蔬汁的能量一般在80~400千焦不等，正常成人每天活动的能量需要7 500~9 200千焦，若三餐均以此为食，摄入的能量连每天所需要的一半都不够。长期如此会对人的身体健康造成不良影响。

不只吃汁要吃全

从营养摄入的角度来说，若摒弃掉其中的植物性食材而只喝汁，就相当于丢弃了最重要的膳食纤维，这样不利于排便、排毒。

什么人毒素最多？

都市里的"白骨精"

对于当今生活在繁华都市里的人群，尤其是"白骨精"（白领、骨干、精英）一族，他们的生活节奏很快、工作压力大，长期处于这样的环境下，人体成为了毒素的聚集地。高血糖、高血脂、便秘、痤疮、口臭……都是体内毒素积聚的信号。

"有毒"环境中的工作者

有些人长期置身于"有毒"的环境中，例如从事化工相关产业、从事放射性工作的行业、重金属污染企业等的人群，环境蓄积的毒素往往会超过其肝脏的解毒能力，因此他们也成为体内的毒素相对来说积聚得较多的人群之一。

排毒器官功能弱者

随着年龄的增长，脏腑器官功能下降的人群，或是患有人体排毒器官功能退化的患者，不能及时将体内的毒素排出体外。

哪些常见食物可以帮助排毒？

食物是很好的排毒剂。中国保健协会营养与安全专业委员会会长孙树侠教授指出，要想把体内毒素排出体外，一定要多吃能带走相应毒素的食物。可见，合理膳食，常吃具有排毒功能的食品，对人体健康非常有好处。下面列举一些比较常见的排毒饮食。

水

人从进食到排泄都离不开水。我们体内所有剩余的食物残渣、垃圾、毒素等都通过汗液、尿液和粪便等排出体外，尽管排泄的方式不同，但其中都有水的参与。水有极强的溶解性和电解作用，可促进废物的排泄，促进人体的新陈代谢。

我们应该多喝凉开水，通小便，清尿毒。肾脏是人体排毒的重要器官，它能够过滤血液中的毒素和蛋白质分解后产生的废料，通过尿液把它们排出体外。

蔬菜

胡萝卜

胡萝卜中含有大量的果胶，这种物质与汞结合，可以有效降低血液中汞离子的浓度，加速体内汞离子的排除。

黄瓜

黄瓜中所含的黄瓜酸，能够促进人体新陈代谢，使毒素排出体外。它适合肺、胃、心、肝状态不好，以及烦躁、口渴、喉痛或痰多人群。

苦瓜

中医认为，苦瓜具有清热、明目、解毒的功效。它含有一种蛋白质，能增加免疫细胞活性，清除体内的有毒物质。

绿豆

绿豆能够去火消暑，具有强力的解毒功效，可以解除多种毒素，还有保肝和抗过敏的作用。残留在蔬果上的农药进入体内后不易被消化酶分解，绿豆可与这些有害物质发生反应，将它们带出体外。

芹菜

芹菜有清肝利水的作用，可以帮助体内的有毒物质通过尿液排出体外。它含有的丰富纤维可以像提纯装置一样，过滤体内的废物。

水果

荔枝

荔枝有解毒止泻、生津止渴、排毒养颜的功效。它能够补肾益精，改善肝功能，加速体内毒素的排出。适合于皮肤粗糙、干燥，特别是经常熬夜引起的肾虚的人群等。

草莓

草莓可以帮助清洁人体的胃肠道，还能补益肝脏，但是肠胃功能虚弱的人不宜多食。

樱桃

樱桃能够去除人体毒素及不洁的体液，因而对肾脏排毒具有相当的辅助功效，此外，它还具有温和的通便作用。

香蕉

香蕉含有丰富的纤维素，可以刺激肠胃的蠕动，帮助排便，从而有利于体内毒素的排出。

苹果

苹果中所含的纤维素能使大肠内的粪便变软，利于排便。它还含有丰富的有机酸，可刺激胃肠蠕动，促使大便通畅。

其他

蜂蜜

蜂蜜从古至今都是润肠通便、排毒养颜的佳品，易被人体吸收利用，对防治心血管疾病及神经衰弱有好处。

猪血

猪血中的血浆蛋白被人体内的胃酸分解后，产生一种解毒、清肠的物质，能与侵入人体内的粉尘、有害金属微粒发生化学反应，继而将有害物质从消化道排出体外。

海带

海带属于碱性食物，而且热量很低，含有丰富的膳食纤维，具有润肠通便的功效。海带所含的褐藻酸能减缓放射性元素锶被肠道吸收，并能将其排出体外。另外，对进入体内的镉也有促进排泄的作用。

茶叶

茶叶中富含一种生物活性物质——茶多酚，具有解毒的作用。茶多酚是一种天然抗氧化剂，可以清除活性氧自由基，能够强身健体、延缓衰老。

制作排毒水的常用食材

　　蔬果是制作排毒水的主要食材，尤其是水果。了解常用食材，能够让我们加深对排毒水的认识，为制作美味排毒水打下好的基础。

草莓

　　草莓的外观呈心形，鲜美红嫩，果肉多汁，酸甜可口，不仅色彩艳丽，而且营养丰富。它含有一种叫天冬氨酸的物质，可以自然除去体内多余的脂肪，达到瘦身的功效。

葡萄

　　葡萄是抗氧化的佳果，既可以生吃，也可以制成葡萄干或葡萄酒等，能帮助清除体内垃圾，尤其适合体质虚弱者食用，能增强人的抗病能力。

苹果

　　苹果香甜可口，所含的果胶具有改善便秘的功效，使体内毒素更加顺利地排出体外。它的营养成分可溶性大，易被人体吸收。

雪梨

　　雪梨清甜多汁，含有约90％的水分，古时即被誉为"百果之宗"，现代人则称之为"天然矿泉水"。因此，含水量大的雪梨对于大便干结的症状有良好的治疗效果，可将水作为载体，将体内的毒素排出。

葡萄柚

　　葡萄柚果肉柔嫩，多汁爽口，略有香气，味偏酸。研究表明，葡萄柚对维护身体健康以及对抗肥胖症起着非常重要的作用。葡萄柚含有丰富的膳食纤维、大量的酶和丰富的水分，有助于燃烧体内脂肪。

猕猴桃

　　猕猴桃又名奇异果，质地柔软，口感酸甜，所含的维生素C能扩张血管、降低血液中的胆固醇水平，是预防和辅助治疗心脑血管疾病的首选水果。

西瓜

　　西瓜水含量高，且热量很低，它除了不含有脂肪和胆固醇外，几乎含有人体所需的各种营养成分，既能祛暑热烦渴，又有很好的利尿作用。因此，西瓜是夏季不可多得的健康减肥食物。

　　柳橙含有丰富的膳食纤维、维生素 B、维生素 C、磷、苹果酸等营养成分，其中膳食纤维可帮助排便，清除肠道内的毒素。其含有的多种维生素中的抗氧化成分能清除体内多余的自由基。

菠萝

　　菠萝是夏季医食兼优的时令佳果，其含有的膳食纤维体积较大，吸附性好，有效缓解便秘，改善肠胃系统的功能。

柠檬

柠檬是水果中的美容佳品，因含有丰富的维生素 C 和钙质而作为化妆品和护肤品的原料。用柠檬美容养颜，既可以内服，也可外用，内服包括喝柠檬水、吃柠檬做的菜等，外用主要是用柠檬做面膜。

蓝莓

蓝莓甜酸适口，营养丰富，被称为"水果皇后"和"浆果之王"。其所含的花青素是一种非常重要的植物水溶性色素，属于纯天然的抗衰老营养补充剂和抗氧化生物活性剂，养颜效果甚好。

香蕉

香蕉是一种高膳食纤维、营养均衡的水果，既可以全面补充人体所需的营养，还可以润肠通便、排出毒素，而且还有美容瘦身的神奇功效，是备受女性青睐的排毒佳品，爱美的女性可以多吃香蕉。

自制排毒水的必备物品

　　好的工具为制作美味排毒水创造条件，想要享用新鲜健康的排毒水，就需要好好了解并掌握制作排毒水的基本工具。

搅拌棒

　　【用途】将水果中的汁液和溶液混合均匀。

　　【使用】如果家中没有搅拌棒的话，可以用长把金属汤匙代替。

　　【清洗】使用完后要立即用清水洗净并晾干。

水

　　【用途】泡水果与蔬菜，可以使用凉开水、矿泉水、没有甜味的碳酸水等。

　　【使用】一般使用凉开水、矿泉水，根据个人喜好选择。

水果刀

　　【用途】在做排毒水的过程中，有时候需要将水果切成条或者小块，水果刀自然就是必备工具了。

　　【使用】家里应该有一把专用的水果刀，不要用来切肉类或其他食物，避免细菌交叉感染，危害健康。

　　【清洗】使用完毕后要马上用水洗净，并擦干，放入刀套，以防生锈。千万不要用强碱、强酸类化学溶剂洗涤水果刀。

削皮器

【用途】削去水果的外皮，如苹果皮、梨子皮等。

【使用】由内往外削皮，以免手受伤。

【清洗】使用完后要立即用水洗净并擦干，以防生锈；削皮器两侧夹住的水果渣要用小牙刷清除干净。

砧板

【用途】砧板主要有木质和塑料两种类型，切水果时建议使用木质砧板。

【使用】最好将切肉和切水果的砧板分开使用，既可以防止食物交叉感染细菌，也可避免水果沾染上肉类、辛香料的味道，从而影响排毒水的味道。新买的木质砧板，使用前最好用盐水浸泡一夜，能使木质收缩，变得更坚硬，防止干裂。

【清洗】每次使用塑料砧板后，要用海绵清净并晾干，切忌用高温水清洗，以防砧板变形；木质砧板使用完后要洗净并晾干。

玻璃罐

【用途】制作排毒水的主要容器，主要分为广口的、盖口较小的以及附有把手的3种。

【使用】一般选用容量为480毫升的玻璃罐。玻璃罐煮沸消毒后使用，更安全卫生。具体的操作方法是：在大锅的底部铺上布，将罐子放好，并把水倒满至罐口高度，开火，沸腾后持续煮15分钟以上，然后将罐子倒置于干净的布上自然晾干。

【清洗】喝完的泡水果罐要用清水洗净，消毒并晾干，方便下次使用。

做好原材料准备工作

　　排毒水对身体十分有益，但是如何制作才能充分发挥它的作用呢？学会下面的蔬果挑选、清洗、切工处理，能让你喝到营养更丰富、口感更鲜美的排毒水。

蔬果应该好好挑选

　　1.安全是蔬果选购的第一要素。一般情况下，排毒水都是直接将蔬果加水浸泡冷藏而来的，为了避免化学污染，最好选择没有使用化学肥料或低农药的蔬果，还要确认是否通过安全认证。

　　2.应季蔬果是排毒水的首选材料。应季蔬果都是在最适合的时期生长的，营养更全面，病虫害较容易控制，农药残留也相对较少，且物美价廉。

　　3.新鲜是选购蔬果最基本的要素，要保证蔬果的外表没有碰撞或受损，以防腐坏。水果可以用手掂量其分量，通常分量越重表示含水分越多、水果越新鲜；蔬菜可以根据颜色、外形、气味等来判断新鲜度，选购时要注意并不是颜色越鲜艳越好，应选择正常颜色的。

将蔬果洗得干干净净

排毒水大多是用来直接饮用的，所以在浸泡之前，一定要将蔬果洗得干干净净，这样才能保证安全健康地饮用。清洗蔬果要注意以下原则。

1.先用流动的水冲洗表面，以去除表面的细菌，再浸泡 10~15 分钟，最后再逐个仔细清洗干净。

2.有果蒂的水果容易在果蒂处沉积农药，应注意用清水反复冲洗果蒂处。

3.表皮不平整的水果，如杨梅、草莓等，可以先冲洗再浸泡，必要时使用辅助工具或去皮处理。

4.紫甘蓝等蔬菜只清洗表层是无法洗净的，应先将它们一片片撕开，再以流水冲洗干净。

5.不要把蔬果泡在盐水里太久，因为盐水的渗透力会把残留在表面的农药带进蔬果内部。

蔬果切法也应讲究

蔬果类别	品种举例	切法技巧
柑橘类水果	柳橙、葡萄柚、柠檬等	以横剖面切开，再切成大小适宜的形状
仁果类水果	梨子、苹果、芒果等	用削皮器去除果皮，再用水果刀切成适宜的等份，有果核的需要去掉
瓜类水果	西瓜、哈密瓜、香瓜等	先以水果刀将头尾切掉，再切成适宜等份；然后去除果皮，切成适合的形状
叶菜类	紫甘蓝、白菜等	先以流水将叶子一片片洗净，再用手撕成适合的大小

制作花式排毒水

　　一成不变难免会让人觉得枯燥乏味，为了每天能够开心地制作并享用排毒水，打造出具有个人风格的排毒水很有必要。

根据用途，选择不同的容器

一般情况下，使用玻璃罐容器。使用玻璃罐以外的容器也可以，如果多人饮用，可以装入水壶中。

将凉开水换成矿泉水或气泡水

制作排毒水并不是一定得用凉开水，也可用不加糖的气泡水等。而且本书还介绍了加入玫瑰茶、薰衣草茶等的泡制方法。

相同的食材，从切法上做改变

排毒水做法虽简单，但可从切法上改变，比如：柠檬可切圆片，可切细条，泡完呈现不一样的感觉。

注意

　　1.排毒水中没有防腐剂，所以制作完成后应放入冰箱中冷藏保存，并在24小时内饮用完毕。

　　2.建议所用食材为有机食材，如果使用非有机食材，应该先削掉外皮，或者是使用下列方法将蔬果表层的农药残留物清洗干净。

　　①在调理盆中注入适量水，加入5毫升的小苏打或盐。容易损伤的莓果类不易用小苏打，应用盐或柠檬汁。

　　②将蔬果放入浸泡30~60秒，捞起后再用清水冲洗干净。

　　3.相同的食材可以重新加水回泡2~3次，如果回泡几次后味道变淡，建议更换新的食材重新制作排毒水。

排毒水问答

排毒水，总给人一种神秘的感觉，其实它并没有那么神秘。以下几个问答能够帮助我们揭开排毒水的面纱，更好地了解排毒水。

排毒水谁都可以喝吗？

排毒水老少皆宜。但是，患有肾病、糖尿病以及在钾的摄取上有限制的人饮用时要多加注意。此外，孕妇和哺乳期妇女在饮用之前应先咨询医生。

冷藏水果也可以做排毒水吗？

冷藏之后的水果中的维生素C等营养素多少会被损坏，但是有些食材冷藏的更容易买到，如蓝莓、树莓等，所以这类食材也可以使用冷藏的。

一天可以喝多少呢？

通常情况下，饮用排毒水跟喝水一样，建议每日饮用1~1.5升左右。相较于果汁，排毒水的糖分含量不高，饮用较为安全。

水果和蔬菜带皮使用没问题吗？

有些食材带皮饮用风味更好，选择蔬果时尽量选择无农药的品种。如果很担心农药残留物对身体的影响，可以边用手搓表皮边用流水冲洗。

做果子露时腌泡过的罐头水果可以用吗？

经过热加工的水果容易导致维生素C和酵素流失，排毒效果甚微，因此不推荐使用这种水果。

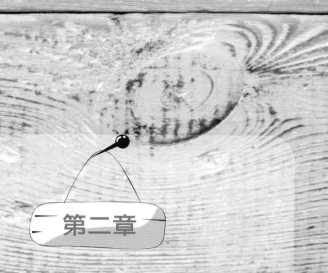

第二章

基础款
排毒水

　　水果与蔬菜、水果与水果等之间的组合千变万化，使得排毒水的种类非常丰富。不知道怎样制作排毒水，那就从简单易上手的基础款排毒水学起。本章主要根据常见水果分类，详细介绍一些基础款排毒水。来看一看吧，总有一款合你胃口。

柳橙基底

颜色鲜艳，略带酸味与清爽的香气，闻起来让人浑身充满元气。以柳橙做基底的排毒水，制作简单，就算是初学者也能轻松上手。

散发出香甜气息的柳橙风味水

柳橙樱桃水

🫙 材料

樱桃40克，柳橙60克，红茶茶叶4克，生姜3克，冰块适量，开水200毫升

🫙 做法

1. 红茶茶叶放入茶包袋中，加入开水，静置放凉备用。

2. 柳橙洗净，切成半月形薄片。

3. 樱桃去蒂洗净，对切去核。

4. 姜削皮后，以流水冲洗，切薄片。

5. 将柳橙薄片、樱桃、生姜薄片装入瓶中，加适量冰块。

6. 倒入红茶后，盖上盖子，放入冰箱冷藏6小时，即可饮用。

蔬果营养秘密

柳橙
ORANGE

　　柳橙中维生素C、胡萝卜素的含量高，能软化和保护血管、降低胆固醇和血脂，对缓解皮肤干燥也很有效。

樱桃
CHERRY

　　樱桃中的钾元素有助于消水肿；其所含的B族维生素能促进脂肪代谢，避免脂肪在体内囤积。

清凉剔透的蓝黄色系风味

柳橙蓝莓水

材料

蓝莓20克，柳橙100克，迷迭香5克，
凉开水300毫升

做法

1. 柳橙洗净，去皮，再将果肉切成块。
2. 用手轻轻揉搓迷迭香，使香味散出。
3. 蓝莓以流水冲洗干净。
4. 将柳橙块、蓝莓、迷迭香依次放入瓶中，倒入适量凉开水。
5. 盖上盖子，放到冰箱冷藏6小时，即可饮用。

蔬果营养秘密

蓝莓
BLUEBERRY

蓝莓不仅具有良好的保健作用，还具有防止脑神经老化、强心、抗癌软化血管、增强人机体免疫等功能。

柳橙与柠檬溶于水中，口感清新

柳橙柠檬水

材料

柳橙80克，柠檬30克，凉开水320毫升

做法

1. 将柠檬洗净，切成厚3毫米左右的薄片。
2. 柳橙去皮，切成圆片。
3. 依次将柳橙片、柠檬薄片放入瓶中，倒入适量凉开水。
4. 盖上盖子，放入冰箱冷藏6小时左右，即可饮用。

蔬果营养秘密

柠檬
LEMON

柠檬含有丰富的柠檬酸、维生素C、维生素B_1、维生素B_2等，可帮助维持人体正常新陈代谢。

西瓜基底

绿色的皮，深绿色的花纹，摸上去很光滑。切开西瓜，红色的果肉里嵌着黑色或白色的籽，甚是可爱。

蓝色夹杂在满瓶的红色中，使得排毒水颜色丰富

西瓜蓝莓水

🍶 材料

蓝莓20克，西瓜80克，凉开水300毫升

🥤 做法

1.将西瓜去皮，西瓜瓤切成厚3厘米左右的小块。

2.蓝莓以流水清洗干净。

3.将西瓜块、蓝莓依次放入瓶中，倒入凉开水。

4.盖上瓶盖，放到冰箱冷藏6小时，即可饮用。

蔬果营养秘密

西瓜
WATERMELON
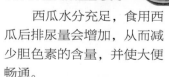

西瓜水分充足，食用西瓜后排尿量会增加，从而减少胆色素的含量，并使大便畅通。

蓝莓
BLUEBERRY

蓝莓果胶含量很高，能有效降低胆固醇，防止动脉硬化，促进心血管健康。

西瓜草莓水

西瓜小黄瓜水

华丽的粉红水，像是冒着粉红的幸福泡泡

西瓜草莓水

🔖 材料

西瓜80克，草莓40克，迷迭香10克，冰块适量，开水200毫升

🥤 做法

1. 草莓去蒂，洗净后对半切开。
2. 西瓜去皮，切成厚2厘米左右的块状。
3. 将草莓、西瓜块、迷迭香，依次装进瓶中，并根据个人喜好加入冰块。
4. 倒入开水，盖上盖子，放入冰箱中冷藏2~10小时，即可饮用。

香甜与新鲜的最佳组合

西瓜小黄瓜水

扫一扫，看视频

🔖 材料

柠檬30克，西瓜80克，薄荷叶4克，小黄瓜10克，冰块适量，凉开水200毫升

🥤 做法

1. 西瓜去皮，切成厚2厘米左右的块状；柠檬洗净，切成小圆片；小黄瓜用清水冲洗干净，切成圆薄片。
2. 以手轻轻揉搓薄荷叶，让香气散发出来。
3. 将西瓜块、柠檬圆片、小黄瓜薄片、薄荷叶装进瓶中，加入适量冰块。
4. 倒入凉开水，盖上瓶盖，放入冰箱冷藏5小时左右，即可饮用。

蔬果营养秘密

草莓
STRAWBERRY

　　草莓富含鞣酸，在人体内可阻碍消化道对致癌化学物质的吸收，具有防癌抗癌作用。

西瓜
WATERMELON

　　西瓜含有葡萄糖、果糖等，果肉所含的瓜氨酸及精氨酸等成分，具有利尿作用。

芒果基底

身穿黄色外衣，摸上去有一种厚实的感觉，远远瞧上去好似一个大逗号。浓郁的果香、丝滑的口感使得它深受人们喜爱。

香甜多汁的清爽饮品

芒果薄荷水

🍯 材料

薄荷适量，芒果40克，凉开水350毫升

🧁 做法

1. 将芒果切开，在果肉上划十字，用水果刀挑出果肉。

2. 将芒果肉、薄荷放入玻璃瓶中，倒入适量凉开水，用搅拌棒充分搅匀。

3. 盖上瓶盖，放入冰箱冷藏6小时左右，即可饮用。

蔬果营养秘密

芒果
MANGO

　　芒果含有维生素A、维生素C、膳食纤维等营养成分，胡萝卜素含量特别高，有益于视力，能润泽皮肤。

薄荷
MINT

　　薄荷中含有挥发油、薄荷精及单宁等物质，有助于平息愤怒、歇斯底里与恐惧的情绪，对疲惫的心灵和沮丧的心情疗效很好。

小清新，看着就想大口喝起来

芒果青柠水

材料

狝猴桃20克，芒果60克，青柠5克，柳橙20克，绿茶包5克，凉开水350毫升，开水适量

做法

1. 芒果去皮，切成丁；柳橙去皮，切成圆薄片；狝猴桃去皮，切成圆片，再对半切开；青柠洗净，切成厚3毫米左右的薄片。
2. 将绿茶包放入瓶中，倒入少许开水，盖上盖子浸泡3分钟，取出茶包，使茶水冷却。
3. 依次将芒果丁、柳橙片、狝猴桃片、青柠薄片放入瓶中，倒入凉开水。
4. 盖上瓶盖，放入冰箱冷藏8小时左右，即可饮用。

蔬果营养秘密

芒果
MANGO

芒果含有多种维生素，而且胡萝卜素含量非常高，不仅能够保护视力，还可以滋润皮肤。

草莓基底

草莓心形外观，果肉多汁，香味浓郁，可谓色、香、味俱佳。除了酸酸甜甜的口感外，漂亮的外观更使得它光彩夺目。

淡淡甜味的简单粉红色排毒水

草莓水

材料

草莓8颗，凉开水350毫升

做法

1.将草莓清洗干净，去蒂，对半切开。

2.将切好的草莓放入瓶中，倒入适量凉开水。

3.盖上盖子，放入冰箱冷藏10小时，即可饮用。

蔬果营养秘密

草莓
STRAWBERRY

　　草莓果肉中富含糖类、果胶、维生素C等营养物质，除了可以预防坏血病以外，还能起到预防动脉硬化的作用。

红绿交替，可以感受到果肉的新鲜可口

草莓猕猴桃水

🍶 材料

猕猴桃50克，草莓70克，罗勒叶6克，冰块适量，凉开水200毫升

🥛 做法

1.草莓去蒂头，洗净后对切。

2.猕猴桃削皮后，切成薄圆片。

3.将草莓、猕猴桃圆片、罗勒叶装进瓶中，根据个人口味加入适量冰块。

4.把凉开水倒进瓶中，盖上盖子后，放入冰箱冷藏2~10小时，即可饮用。

蔬果营养秘密

草莓
STRAWBERRY
　　草莓营养丰富，富含多种有效成分，其丰富的维生素、矿物质和部分微量元素是人体生长发育所必需的。

猕猴桃
KIWI FRUIT
　　猕猴桃中含有的血清促进素具有稳定情绪、镇静心情的作用，对成人忧郁有很好的预防作用。

葡萄基底

美丽的外表使得它深受人们追捧。紫红色的表皮包裹着圆圆的果粒，咬上一口，汁水丰富令人产生巨大的满足感。

有点甜甜的感觉，口感非常小清新

清凉葡萄水

⚖ 材料

凉开水200毫升，葡萄80克

🎩 做法

1.葡萄以流水冲洗干净，对半切开。

2.将葡萄放入瓶中，加入适量的凉开水。

3.盖上盖子，放入冰箱冷藏5小时左右，即可饮用。

蔬果营养秘密

葡萄
GRAPE

葡萄营养丰富，其所含的酒石酸能助消化，适量食用能健脾和胃，对身体大有裨益。

水分丰富，香甜感瞬间溢出来

葡萄西瓜薄荷水

🏋 材料

葡萄4颗，西瓜瓤100克，薄荷叶2片，凉开水300毫升

🥤 做法

1.将西瓜瓤切成厚3～4厘米大小的块。

2.葡萄洗净后带皮对半切开。

3.将薄荷叶用手轻轻揉搓，促使香味散发出来。

4.依次将西瓜块、葡萄、薄荷叶放入瓶中，倒入适量凉开水。

5.盖上盖子，放入冰箱冷藏16～24小时左右，即可饮用。

蔬果营养秘密

西瓜
WATERMELON

　　西瓜含有丰富的钾元素，能够迅速补充在夏季容易随汗水流失的钾，避免由此引发的肌肉无力和疲劳感，消除倦怠情绪。

葡萄
GRAPE

　　葡萄含维生素C、维生素B$_1$等，适量吃葡萄能阻止血栓形成，降低人体血清胆固醇水平，对预防心脑血管病有一定作用。

苹果基底

红彤彤的苹果好似小女孩娇羞的脸蛋。圆鼓鼓的身子，清香的味道，丰富的汁液为它带来了一大批的粉丝。

就像柳橙苹果派般的香甜风味

苹果肉桂水

⚖ 材料

柳橙40克，苹果60克，肉桂棒5克，冰块适量，凉开水200毫升

🥛 做法

1.苹果洗净，去掉苹果籽，切成扇形薄片。

2.柳橙洗净，带皮切成小薄片。

3.将苹果薄片、柳橙片、肉桂棒依次放入瓶中，依喜好加入冰块。

4.倒入适量的凉开水，盖上盖子，放入冰箱冷藏2~10小时，即可饮用。

蔬果营养秘密

苹果
APPLE

　　苹果所含的纤维素能使大肠内的粪便变软，有利于排便。

柳橙
ORANGE

　　柳橙发出的气味有利于缓解人们的心理压力，有助于克服紧张情绪。

充满元气感的黄色排毒水

苹果葡萄水

材料

葡萄40克，苹果60克，柠檬3克，凉开水300毫升

做法

1. 苹果洗净，切成厚4毫米左右的薄片；柠檬洗净，切成厚3毫米左右的薄片，再对半切开；葡萄以流水冲洗干净，对半切开。
2. 依次将葡萄、苹果薄片、柠檬薄片放入瓶中，倒入适量凉开水。
3. 盖上盖子，放到冰箱冷藏12小时，即可饮用。

蔬果营养秘密

葡萄
GRAPE

　　葡萄中含有水溶性B族维生素和钾、磷、钙、镁等矿物质，能够帮助排毒，加快身体新陈代谢，养成易瘦体质。

出乎意料的顺口清透水

苹果姜汁水

🏺 材料

柳橙30克，苹果50克，生姜5克，凉开水320毫升

🥛 做法

1. 将带皮苹果切成厚3毫米的薄片。

2. 将带皮的柳橙切成厚4毫米的薄片。

3. 生姜洗净，切成薄片。

4. 依次将柳橙薄片、生姜片、苹果薄片放入瓶中，加入适量凉开水。

5. 盖上瓶盖，放到冰箱冷藏10小时左右，即可饮用。

蔬果营养秘密

生姜
GINGER

生姜的主要营养成分是姜醇、姜烯、水芹烯、柠檬醛、芳樟醇。伤风感冒、寒性痛经、晕车晕船者尤其适合食用姜。

香蕉基底

果实长而弯，味道香甜，远远看上去像一个会发光的小船。剥开香蕉皮，咬上一口，感觉那"小船"带你进行一场美味之旅。

水果丰富、口感丰富的排毒水

香蕉苹果雪梨水

材料

苹果40克，香蕉60克，雪梨30克，凉开水350毫升

做法

1.香蕉剥掉果皮，切成厚5厘米左右的块。

2.苹果洗净，切成厚5毫米左右的薄片。

3.雪梨去皮去核，切成厚5厘米左右的块。

4.将香蕉块、苹果薄片、雪梨块依次放入瓶中，倒入适量凉开水。

5.盖上盖子，放入冰箱冷藏12小时，即可饮用。

蔬果营养秘密

香蕉
BANANA

　　香蕉含有的钾能预防血压上升及肌肉痉挛；而镁则具有消除疲劳的效果。

雪梨
PEAR

　　梨中含有丰富的B族维生素，能保护心脏，减轻疲劳，增强心肌活力，降低血压。

苹果的柔和甜味夹杂其中，温柔美味

香蕉苹果柠檬水

材料

苹果40克，香蕉80克，柠檬3克，凉开水320毫升

做法

1. 香蕉剥掉果皮，先直切，再对半切开。
2. 苹果洗净，切成厚5毫米左右的薄片。
3. 柠檬以流水冲洗干净，切成厚2毫米左右的薄片。
4. 依次将香蕉、苹果薄片、柠檬薄片放入瓶中，倒入适量凉开水。
5. 盖上盖子，放到冰箱冷藏6小时，即可饮用。

蔬果营养秘密

香蕉
BANANA

　　香蕉中含有丰富的钾，若每天吃上一根香蕉，就可以满足人体对钾的需求，同时还可以稳定血压、保护胃肠道。

柠檬基底

柠檬的酸涩感，就像青春的味道。它颜色清新亮丽，尝起来酸味中带有一种苦涩感，青春也是像它一样美好却有些苦感。

治愈身心的清爽柠檬风味

柠檬生姜薄荷水

⚖ 材料

生姜10克，柠檬60克，薄荷叶5克，凉开水300毫升

🍶 做法

1.柠檬洗净后，带皮切成厚3毫米左右的薄片。

2.生姜以清水洗净，带皮切成薄片。

3.用手轻轻揉搓薄荷叶，使香味散出。

4.将生姜薄片、柠檬薄片、薄荷叶放入瓶中，加入适量凉开水。

5.盖上瓶盖，放入冰箱冷藏10小时左右，取出恢复到常温即可饮用。

蔬果营养秘密

柠檬
LEMON

　　柠檬含有烟酸和丰富的有机酸，其味极酸，但它属于碱性食物，有利于调节人体酸碱度。

生姜
GINGER

　　生姜中的姜辣素进入人体后，产生一种抗氧化本酶，能有效地抗衰老。老年人常吃生姜还可除老年斑。

用黄澄澄的排毒水来补充能量

柠檬百香果水

🧂 材料

柠檬片5克，百香果80克，薄荷叶3克，凉开水320毫升

👨‍🍳 做法

1.将百香果对半切开。

2.将薄荷叶放在手心，轻轻揉搓，使香味散发出来。

3.将百香果的瓤挖出装入瓶子中，再放入柠檬片、薄荷叶，加入凉开水。

4.盖上瓶盖，放入冰箱冷藏6小时左右，即可饮用。

蔬果营养秘密

百香果
PASSION FRUIT
　　百香果含有多种氨基酸、维生素等营养成分，能软化血管，增加冠状动脉血流量，从而起到降血压的作用。

柠檬
LEMON
　　柠檬汁中含有大量柠檬酸盐，能够抑制钙盐结晶，从而阻止肾结石形成。

胭脂般的颜色，令人心情也跟着美丽起来

柠檬火龙果水

⚖ 材料

青柠40克，黄柠檬40克，红心火龙果10克，气泡水300毫升

🥤 做法

1. 将黄柠檬、青柠以流水冲洗干净，分别切成薄片。
2. 火龙果去掉果皮，切成薄片。
3. 将青柠片、黄柠檬片、火龙果薄片依次放入瓶中，加入适量气泡水。
4. 盖上盖子，放入冰箱冷藏6小时左右，即可饮用。

蔬果营养秘密

火龙果
PITAYA

火龙果中的花青素有抗氧化、抗自由基、抗衰老的作用，还能抑制脑细胞变性，预防痴呆症的发生。

甜甜的口感，感觉就是幸福的味道

猕猴桃柠檬梨水

⚖ 材料

雪梨30克，猕猴桃40克，柠檬5克，凉开水320毫升

🥤 做法

1.将猕猴桃洗净去皮，切成薄圆片。

2.柠檬洗净，切成厚3毫米左右的薄片。

3.雪梨洗净，切成厚1厘米左右的小块。

4.将猕猴桃圆片、柠檬薄片、雪梨块依次放入瓶中，倒入适量凉开水。

5.盖上盖子，放到冰箱冷藏16小时，即可饮用。

蔬果营养秘密

猕猴桃
KIWI FRUIT

　　猕猴桃的维生素C含量丰富，具有预防感冒、消除疲劳及美容肌肤的功效。

葡萄柚基底

身穿黄色外衣，果肉却是橙红色。切开后的葡萄柚表皮与果肉的颜色非常搭，使它变得丰富多彩起来，非常诱人。

清凉爽快口感

葡萄柚薄荷水

⚖ 材料

薄荷叶8克，葡萄柚80克，绿茶3克，凉开水350毫升，开水适量

🥤 做法

1. 葡萄柚去果皮，切成圆片。

2. 用手轻轻揉搓薄荷叶，促使香味散发出来。

3. 先将绿茶放于茶包袋中，再将绿茶茶包袋放入瓶中，倒入少许开水，盖上盖子浸泡3分钟，取出茶包，使茶水冷却。

4. 将葡萄柚圆片、薄荷叶依次放入瓶中，倒入适量凉开水。

5. 盖上盖子，放入冰箱冷藏7小时，即可饮用。

蔬果营养秘密

葡萄柚
GRAPEFRUIT

　　葡萄柚含有丰富的果胶，果胶可以溶解胆固醇，对于肥胖症、水分滞留、蜂窝组织炎等颇有改善作用，可降低癌症发生的概率。

薄荷
MINT

　　薄荷的香味富有清凉感，有抗菌消炎等作用。当工作提不起精神时，闻一闻薄荷，可提神醒脑。

畅快辣感，满足食欲

葡萄柚黄瓜水

扫一扫，看视频

 材料

小黄瓜20克，葡萄柚60克，红辣椒3克，
冰块适量，凉开水200毫升

做法

1. 葡萄柚去皮，切成薄圆片；小黄瓜洗
   净，切成小圆片；红辣椒去蒂头，先纵
   向切去籽，再切成条状。

2. 将葡萄柚圆片、小黄瓜圆片、红辣椒条装入瓶中，依喜好加入冰块。

3. 倒入适量凉开水，盖上盖子，放入冰箱冷藏5小时左右，即可饮用。

色彩丰富，味道清爽

葡萄柚紫甘蓝水

扫一扫，看视频

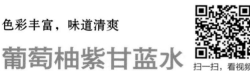 材料

紫甘蓝40克，葡萄柚100克，凉开水350毫升

做法

1. 葡萄柚以流水冲洗干净，带皮切成5毫米左右的圆片。

2. 紫甘蓝仔细清洗干净，切成块状。

3. 将葡萄柚圆片、紫甘蓝块放入瓶中，倒入适量凉开水。

4. 盖上盖子，放入冰箱冷藏2~10小时，即可饮用。

蔬果营养秘密

紫甘蓝
PURPLE CABBAGE

紫甘蓝的营养丰富，尤其是所含的维生素C、维生素E和B族维生素特别丰富，可以帮助消化、增强免疫力。

第三章

排毒水，让你
与肥胖说拜拜

　　女人最害怕的事情之一，便是"体重增加了"。在生活中，我们喜欢通过节食、锻炼来减轻体重。其实提高新陈代谢，养成良好的排便习惯，预防便秘等，同样可以达到减轻体重的效果。饮用排毒水，能够促进消化，有很好的减重作用。

调整肠道

美丽与肠道健康存在着密切的关系。调整肠道，可以使得我们的消化能力等变好，身体轻盈美丽，由内而外散发出美丽光彩。

缤纷的颜色，挑逗你的味蕾

菠萝草莓水

材料

草莓30克，菠萝60克，红茶4克，冰块适量，开水200毫升

做法

1.红茶放入茶包袋中，加入开水，静置放凉备用。

2.将菠萝去皮，切成厚2厘米左右的片，再切成小块。

3.草莓去蒂洗净，对半切开。

4.将菠萝块、草莓放入瓶中，依喜好加入冰块。

5.将红茶倒入瓶中，盖上盖子，放入冰箱冷藏2~10小时，即可饮用。

蔬果营养秘密

草莓
STRAWBERRY

　　草莓中含有丰富的果胶和膳食纤维，可促进胃肠蠕动，起到帮助消化的作用，从而达到减肥效果。

菠萝
PINEAPPLE

　　菠萝含有的菠萝蛋白酶能有效分解食物中的蛋白质，并促进肠胃蠕动，可以帮助清理肠胃。

黄色果肉与白色果肉相间，温柔细腻

柳橙苹果水

⚖ 材料

葡萄柚20克，柳橙60克，柠檬3克，苹果30克，凉开水300毫升

🥛 做法

1. 柳橙洗净去皮，切成圆薄片。
2. 苹果以流水冲洗干净，再切成厚5毫米左右的薄片。
3. 柠檬切成厚3毫米的薄片。
4. 葡萄柚去皮，切成半月形。
5. 将柳橙圆片、半月形葡萄柚、柠檬薄片、苹果薄片依次放入瓶中，倒入适量凉开水。
6. 盖上盖子，放入冰箱冷藏10小时左右，即可饮用。

蔬果营养秘密 ♥

柳橙
ORANGE

　　柳橙含有丰富的果胶、维生素C等，具有生津止渴、开胃消食等功效，而且其所含的橙皮素可以健胃。

燃烧脂肪

脂肪超量，难以消耗掉，慢慢积累在体内导致肥胖。想要拥有随时随地就能燃烧脂肪的身体，就选择那些可以燃烧脂肪的食材，帮助减肥。

用清爽的香气来刺激你的食欲

菠萝小萝卜水

🪣 材料

樱桃萝卜30克，菠萝80克，迷迭香10克，凉开水350毫升

🍶 做法

1.菠萝去皮洗净后，切成厚3厘米左右的块。

2.樱桃萝卜以流水冲洗干净，带叶切成小圆片。

3.将菠萝块、樱桃萝卜圆片、迷迭香依次放入瓶中，倒入适量凉开水。

4.盖上盖子，放入冰箱冷藏6小时左右，即可饮用。

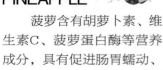

蔬果营养秘密

菠萝
PINEAPPLE

　　菠萝含有胡萝卜素、维生素C、菠萝蛋白酶等营养成分，具有促进肠胃蠕动、解油腻等功效。

樱桃萝卜
CHERRY RADISH

　　樱桃萝卜含糖类、蛋白质、维生素A以及钙、磷、铁等矿物质，有健胃消食、利尿等功效。

淡淡的甜味，美味排毒水

香蕉芒果水

🔖 材料

芒果30克，香蕉 80克，荷兰芹5克，凉开水350
毫升

🥤 做法

1. 香蕉剥掉果皮，切成厚1厘米左右的圆片。
2. 芒果切开，在果肉上划十字，然后用水果刀挑出
   果肉。
3. 荷兰芹以流水冲洗干净，切小段备用。
4. 将香蕉圆片、芒果肉、荷兰芹段依次放入瓶中，
   倒入适量凉开水。
5. 盖上盖子，放入冰箱冷藏2~10小时左右，即可
   饮用。

蔬果营养秘密

芒果
MANGO

　　芒果含蛋白质、维生素
B_1、维生素C等，芒果还能增
加胃肠蠕动，使粪便在结肠内
停留时间缩短，促进消化。

牛油果胡萝卜水

鲜香甜瓜水

散发满瓶香味的甜瓜派风味

鲜香甜瓜水

浓郁有深度的美味排毒水

牛油果胡萝卜水

扫一扫，看视频

材料

黑胡椒粒4克，甜瓜100克，蜂蜜15毫升，凉开水250毫升

做法

1. 甜瓜洗净后，去皮与瓤，切成小块。
2. 依次将甜瓜块、黑胡椒粒、蜂蜜装入瓶中，倒入适量凉开水，并以搅拌棒搅匀。
3. 盖上盖子，放入冰箱冷藏8小时左右即可饮用。

材料

胡萝卜40克，牛油果60克，蜂蜜15毫升，凉开水300毫升

做法

1. 牛油果对切，旋转拧开后，去掉果皮，取出果肉，再切成厚3毫米左右的薄片。
2. 胡萝卜洗净，切成薄片。
3. 将牛油果薄片、胡萝卜薄片、蜂蜜放入瓶中，倒入适量的凉开水，并以搅拌棒充分搅拌。
4. 盖上盖子，放入冰箱冷藏6小时左右，即可饮用。

蔬果营养秘密

牛油果
AVOCADO

　　牛油果价值极高，其所含的脂肪大部分属不饱和脂肪酸，极容易被消化吸收，而且可以降低胆固醇。

胡萝卜
CARROT

　　胡萝卜营养丰富，含较多的胡萝卜素、糖、钙等营养物质，不仅可以降低血糖，还可以帮助消化。

增强代谢力

利用富含维生素C的食材来制作排毒水,
可以有效增强代谢力,既可以减重又能够
美容护肤,而且不失美味。

增强代谢力的正能量饮品

蓝莓小黄瓜水

⚖️ 材料

小黄瓜20克，蓝莓60克，青柠30克，冰块适量，开水200毫升

🥤 做法

1.小黄瓜洗净，切成圆形薄片。

2.青柠以流水冲洗干净，切薄片。

3.依次将蓝莓、小黄瓜薄片、青柠薄片装进瓶中，根据喜好加入适量冰块。

4.倒入开水后，盖上盖子，放入冰箱冷藏8小时左右，即可饮用。

蔬果营养秘密

蓝莓
BLUEBERRY

　　蓝莓含有膳食纤维、维生素C等营养成分，能够促进肠胃蠕动，帮助消化。

黄瓜
CUCUMBER

　　黄瓜中所含的丙醇二酸，可抑制糖类物质转变为脂肪，有利于减肥减脂。

甜蜜而刺激的味道
哈密瓜柳橙水

🏋 材料

哈密瓜30克，柳橙70克，黑胡椒粒适量，冰块适量，凉开水200毫升

🍶 做法

1.柳橙以流水冲洗干净，切成圆形薄片。

2.哈密瓜洗净去皮后，挖掉哈密瓜籽，切成2厘米左右的块状。

3.将柳橙薄片、哈密瓜块、黑胡椒粒放入瓶中，根据喜好加入冰块。

4.往瓶中倒入适量凉开水后，盖上盖子，放入冰箱冷藏6小时左右，即可饮用。

蔬果营养秘密

柳橙
ORANGE

　　柳橙含有维生素B_1、维生素B_2、维生素C等多种营养成分，有助于增加皮肤弹性，减少皱纹。

哈密瓜
HONEYDEW MELON

　　哈密瓜中维生素的含量极高，有利于人的心脏和肝脏工作以及肠道系统的活动，促进内分泌和造血机能，加强消化过程。

黄色与青色在一起，鲜艳明亮

芒果青柠水

📇 材料

青柠5克，芒果120克，薄荷叶3克，生姜4克，凉开水320毫升

🥤 做法

1. 芒果去皮，切小丁；生姜切成薄片；青柠去皮，切成厚2毫米左右的薄片。
2. 用手轻轻揉搓薄荷叶，使香味散出。
3. 依次将芒果丁、生姜薄片、青柠薄片、薄荷叶放入瓶中，倒入适量凉开水。
4. 盖上瓶盖，放到冰箱冷藏12小时左右，即可饮用。

蔬果营养秘密

青柠
LIME

青柠属于碱性食物，有利于调节人体酸碱度，能够增强食欲。

以红色为主题的排毒水，新鲜美丽

草莓风味玫瑰水

材料

玫瑰花干8克，草莓95克，冰块适量，开水350毫升

做法

1. 将草莓清洗干净并去蒂，切成小瓣。

2. 将洗好的干玫瑰花放入杯中，倒入适量开水。盖上盖子，浸泡15分钟。

3. 待时间到，揭盖，将玫瑰花水过滤到另一个杯中。

4. 加入切好的草莓，与适量的冰块拌匀，放入冰箱冷藏7小时左右，即可饮用。

蔬果营养秘密

草莓
STRAWBERRY

　　草莓含有果胶、胡萝卜素、维生素B_1、维生素B_2等，可以促进消化，清除体内废物。

消除便秘

便秘是引起身体不适的元凶，会导致肥胖、水肿等。养成起床就喝排毒水的习惯，可以帮助肠道正常蠕动。

可以大口畅饮的美味排毒水

苹果蜂蜜水

⚖ 材料

蜂蜜15毫升，苹果80克，薄荷叶适量，气泡水（无糖）350毫升

🍶 做法

1.苹果洗净，切成小片。

2.依次将苹果片、蜂蜜、薄荷叶装入瓶中。

3.倒入适量气泡水，用搅拌棒充分搅拌。

4.盖上瓶盖，放入冰箱冷藏4小时左右，即可饮用。

蔬果营养秘密

苹果
APPLE

　　苹果中含有果胶、膳食纤维等营养元素，能够调整肠道内环境，对预防便秘以及腹泻等身体不适症状很有作用。

薄荷
MINT

　　薄荷带有的香味充满清凉感，常用于制作甜点中。它的香味能够有效缓和喉咙疼痛以及鼻塞。

甜中带些酸，就是我的味道

无花果气泡水

🏺 材料

蜂蜜15毫升，无花果80克，气泡水（无糖）350毫升

🥛 做法

1.无花果洗净去皮，切成厚5毫米左右的薄片。

2.将无花果薄片、蜂蜜放入瓶中，倒入适量气泡水。

3.盖上盖子，放入冰箱冷藏6小时左右，即可饮用。

蔬果营养秘密

无花果
FIG

　　无花果含有苹果酸、柠檬酸、蛋白酶、水解酶等，能帮助消化、预防便秘。

消除水肿

富含钾元素的小黄瓜、甜瓜、西瓜等是消除水肿的神器。身体水肿，感觉整个人胖了一圈，既影响个人形象，又难受至极。

满载新鲜度的饮品

甜瓜芹菜水

⚖ 材料

芹菜20克，甜瓜50克，凉开水350毫升

🧺 做法

1.甜瓜洗净，去掉皮与瓜瓤，切成条状。

2.将芹菜以流水冲洗干净，切掉菜叶，将梗切成厚2厘米左右的丁状。

3.依次把甜瓜条、芹菜丁放入瓶中，加入适量凉白水，用搅拌棒搅匀。

4.盖上盖子，放入冰箱冷藏6小时左右，即可饮用。

蔬果营养秘密

甜瓜
MELON

　　甜瓜中的钾元素具有利尿作用，能促进身体内多余的水分排出，消除水肿。

芹菜
CELERY

　　芹菜含有大量的粗纤维，可刺激胃肠蠕动，促进排便。

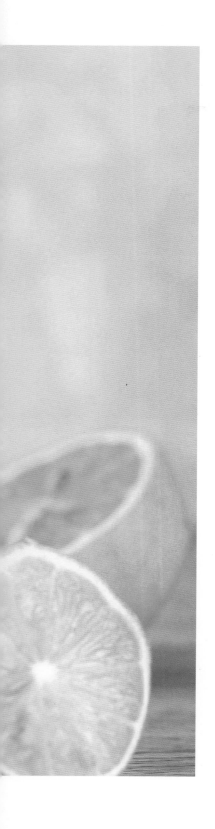

跟烦人浮肿说拜拜的清新水

黄瓜柠檬水

🍳 材料

柠檬50克，黄瓜50克，凉开水350毫升

👨‍🍳 做法

1. 黄瓜洗净后，切成片。
2. 柠檬以流水冲洗干净，带皮切成厚5毫米左右的圆片。
3. 将黄瓜片、柠檬圆片放入瓶中，倒入适量凉开水。
4. 盖上盖子，放入冰箱冷藏8小时左右，即可饮用。

蔬果营养秘密

黄瓜
CUCUMBER

　　黄瓜不仅含有丰富的维生素C,而且钾含量高，具有消除水肿的作用。

减少热量的摄入

热量能够为身体运转提供动力，但是如果摄入热量远远高于消耗的热量，食物中剩余的葡萄糖等成分将会在体内转化成脂肪，并慢慢堆积，从而导致肥胖。

窈窕美水，帮助保持好身材

香蕉窈窕水

🎚️ 材料

香蕉50克，火龙果30克，红葡萄20克，凉开水300毫升

🥛 做法

1.火龙果去皮，取果肉，切片。

2.红葡萄洗净，对半切开。

3.香蕉去皮，斜刀切成5厘米厚的块。

4.依次将火龙果片、红葡萄、香蕉片放入瓶中，倒入适量凉开水。

5.盖上盖子，放入冰箱冷藏6小时左右，即可饮用。

蔬果营养秘密

香蕉
BANANA

　　香蕉富含膳食纤维，能够长时间为人体提供能量。如果什么都不吃，只吃香蕉，摄入热量远比正餐低，可以帮助保持窈窕身材。

火龙果
PITAYA

　　火龙果含有碳水化合物、维生素C等，可以有效清除自由基，具有美白皮肤的作用。

爽口的酸味与甜味是天生的搭档

葡萄柚水

材料

柠檬10克，去皮葡萄柚60克，薄荷叶5克，青柠10克，凉开水300毫升

做法

1. 将葡萄柚去皮，切圆薄片。
2. 柠檬、青柠洗净，切成薄片。
3. 将薄荷叶置于手心轻轻揉搓，让香味散发出来。
4. 依次将葡萄柚圆片、柠檬片、青柠片和薄荷叶放入瓶中，加入适量凉开水。
5. 盖上瓶盖，放入冰箱冷藏3小时左右，即可饮用。

蔬果营养秘密 ♥

葡萄柚
GRAPEFRUIT

葡萄柚含碳水化合物、脂肪、蛋白质含量少，属于低热量水果，对减肥非常有帮助。

水分充足，一大口满足感

西瓜水

⚖ 材料

西瓜180克，凉开水300毫升

🥤 做法

1. 西瓜洗净去皮，切成厚约2厘米左右的方块。
2. 将西瓜块放入瓶中，倒入适量凉开水。
3. 盖上盖子，放入冰箱冷藏8小时左右，即可饮用。

蔬果营养秘密 ♥

西瓜
WATERMELON

　　西瓜还有丰富的水分，具有解渴生津、利尿、去暑疾等作用，属于低热量食物，可帮助减肥。

减·少脂肪的吸收

食用低脂肪食物，这是从源头上解决摄入脂肪过量难以消化的问题，选择低脂食材制作排毒水就好。

薄荷的香味让人更想喝

菠萝薄荷水

⚖ 材料

薄荷叶8克，菠萝80克，凉开水300毫升

🥛 做法

1.将菠萝去皮，切成厚2厘米左右的片，再切成块。

2.用手轻轻揉搓薄荷叶，使香味散出。

3.将切好的菠萝块、薄荷叶依次放入瓶中，倒入适量凉开水。

4.盖上盖子，放入冰箱冷藏6小时，即可饮用。

蔬果营养秘密

菠萝
PINEAPPLE

　　菠萝所含的"菠萝朊酶"能分解蛋白质，帮助消化，预防脂肪堆积。

薄荷
MINT

　　薄荷能够让人放松心情，而且对于支气管炎以及花粉症的过敏症状也很有帮助。

好好享受清新鲜活的美味水

莓柠高纤水

材料

苹果30克，草莓6颗，柠檬片1片，凉开水320毫升

做法

1.草莓去蒂洗净，切成瓣。

2.苹果洗净，带皮切成厚5毫米左右的薄片。

3.依次将草莓瓣、苹果薄片、柠檬片放入瓶中，倒入适量凉开水。

4.盖上盖子，放入冰箱冷藏5小时左右，即可饮用。

蔬果营养秘密

草莓
STRAWBERRY

　　草莓含有丰富的果胶与纤维素，能够加强肠胃蠕动，促进消化。

苹果
APPLE

　　苹果含有果胶、苹果酸、钾等营养元素，食用苹果能够降低血脂与胆固醇，有利于减肥。

很适合夏天的清凉饮品

圣女果蓝莓水

🏺 材料

蓝莓10克，圣女果80克，蜂蜜15毫升，凉开水350毫升

🥤 做法

1. 圣女果去蒂，洗净，对半切开。
2. 蓝莓以流水冲洗干净。
3. 将圣女果、蓝莓、蜂蜜装入瓶中，倒入适量凉开水。
4. 盖上盖子，放入冰箱冷藏6小时左右，即可饮用。

蔬果营养秘密

圣女果
CHERRY
TOMATO

　　圣女果含有果胶、番茄红素等成分，具有降低热量摄取，减少脂肪积累的作用。

蓝莓
BLUEBERRY

　　蓝莓含有维生素C、钾、铜等微量元素，具有预防脂肪积累，帮助排毒等功效。

香甜好入口

葡萄柚薄荷水

🎒材料

薄荷叶10克，葡萄柚80克，凉开水320毫升

🍞做法

1. 葡萄柚洗净去果皮，并将果肉切成小块。
2. 将薄荷叶用手轻轻揉搓，促使香味散出。
3. 将葡萄柚块、薄荷叶放入瓶中，倒入凉开水。
4. 盖上盖子，放入冰箱冷藏6小时，即可饮用。

蔬果营养秘密

葡萄柚
GRAPEFRUIT

葡萄柚中含有的天然果胶，能够降低胆固醇，其所含的酸性物质，有助于消化，避免人体摄取过度脂肪。

多种水果，营养超丰富

枇杷阳桃雪梨水

📖 材料

阳桃40克，枇杷60克，雪梨30克，凉开水350毫升

🍶 做法

1. 将枇杷剥去外皮，对半切开，去掉内皮和果核，果肉切片。
2. 阳桃洗净切片。
3. 雪梨洗净去核，切成块。
4. 将阳桃片、枇杷片和雪梨块放入瓶中，加入适量凉开水。
5. 盖上瓶盖，放入冰箱冷藏6小时左右，取出静置恢复到常温，即可饮用。

蔬果营养秘密

枇杷
LOQUAT

　　枇杷富含膳食纤维及钾、磷、铁等矿物元素，并且含有维生素B$_1$和维生素C，可以帮助燃烧脂肪，是很有效的减肥果品。

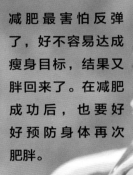

防止减肥反弹

减肥最害怕反弹了，好不容易达成瘦身目标，结果又胖回来了。在减肥成功后，也要好好预防身体再次肥胖。

又香又甜，超好喝

葡萄柚猕猴桃水

🍳 材料

猕猴桃30克，葡萄柚40克，百里香20克，凉开水320毫升

🥤 做法

1. 猕猴桃去皮，切成圆片。
2. 葡萄柚去皮，切成圆片。
3. 用手轻轻揉搓百里香，使香味散出。
4. 将葡萄柚圆片、猕猴桃圆片、百里香依次放入瓶中，倒入适量凉开水。
5. 盖上盖，放入冰箱冷藏 16 小时，即可饮用。

蔬果营养秘密

葡萄柚
GRAPEFRUIT
　　葡萄柚富含维生素B_1、维生素B_2和维生素C等营养成分，而且热量较低，很适合减肥。

猕猴桃
KIWI FRUIT
　　猕猴桃含有丰富的膳食纤维，能够起到刺激肠胃蠕动，帮助排便，促进消化的作用。

柠檬的酸味喝起来很舒爽

柠檬草莓薄荷水

🏋 材料

柠檬40克，草莓60克，薄荷叶5克，凉开水320毫升

🍶 做法

1.柠檬洗净，切成厚3毫米左右的薄片。

2.草莓洗净去蒂头，切成薄片。

3.将薄荷叶放在手心拍打数下，使香味散出。

4.依次将草莓薄片、柠檬薄片、薄荷叶放入瓶中，倒入适量凉开水。

5.盖上盖子，放入冰箱冷藏6小时左右，即可饮用。

蔬果营养秘密

柠檬
LEMON

　　柠檬中含有维生素C、柠檬酸等营养成分，具有促进新陈代谢的作用。

草莓
STRAWBERRY

　　草莓含有丰富的果胶、膳食纤维等，能够有效促进消化，从而达到减肥的效果。

第四章

排毒水，让你
与美颜相拥抱

　　排毒水主要由水果、蔬菜制成，不仅外观色彩
丰富，而且富含多种维生素，有很好的美容效果。
皮肤会受到季节变化、气温变化、压力等方面的影响，
饮用排毒水能够有效缓解肌肤问题。此外，在生活
中要注意营养均衡，并保证睡眠充足，才能美颜常驻。

滋润肌肤

光泽水嫩的皮肤能让整个人看起来青春靓丽，补水是滋养皮肤的关键。此外，多饮用富含维生素C等营养元素的排毒水也可以滋润皮肤。

刺激的味道，更有神秘感

双椒柠檬水

材料

青椒20克，黄椒80克，柠檬60克，凉开水350毫升

做法

1.黄椒去蒂洗净，去掉籽，切成厚2厘米左右的丁。

2.青椒去蒂洗净，去掉籽，切成厚2厘米左右的丁。

3.柠檬洗净，带皮切成扇形的薄片。

4.将黄椒丁、青椒丁、柠檬薄片放入瓶中，倒入适量凉开水，并以搅拌棒充分搅拌。

5.盖上盖子，放入冰箱冷藏6小时左右，即可饮用。

蔬果营养秘密

彩椒
BELL PEPPER

　　彩椒是蔬菜中维生素A和维生素C含量最高的，具有保护皮肤健康，保持肌肤水分等作用。

柠檬
LEMON

　　柠檬含有维生素C、柠檬酸、苹果酸等，它是天然的美容食物，能够给皮肤滋润保湿。

柔和的口感，非常美味

苹果薄荷水

🍳 材料

肉桂棒10克，苹果70克，薄荷叶5克，凉开水300毫升

🎩 做法

1.苹果洗净，去除果核，带皮切成块。

2.肉桂棒以流水冲洗干净，备用。

3.将苹果块、肉桂棒、薄荷叶放入瓶子中，加入适量凉开水。

4.盖上瓶盖，放入冰箱冷藏6小时左右，取出恢复到常温，即可饮用。

蔬果营养秘密

薄荷
MINT

　　薄荷具有一种独特的芳香，食用后不仅能齿颊留香、口气清新，还可以消除牙龈肿痛。

苹果
APPLE

　　"一天一个苹果，医生远离我"，苹果营养丰富，其所含的多酚能有效延缓衰老，有抗氧化的作用。

提亮肤色

维生素C能够有效减少黑色素沉着，起到美白肌肤的作用。以富含维生素C的食材制作的排毒水，能够让你的皮肤白净透亮。

用黄澄澄的水果来唤醒肌肤

哈密瓜活颜水

材料

苹果40克，哈密瓜100克，薄荷叶3克，柠檬片5克，凉开水350毫升

做法

1.哈密瓜去皮去瓤，切成厚4厘米左右的方块。

2.苹果洗净去核，切成厚5毫米左右的薄片。

3.用手轻轻揉搓薄荷叶，促使香味散出。

4.柠檬洗净，切成厚3毫米左右的薄片。

5.依次将哈密瓜块、柠檬薄片、薄荷叶、苹果薄片依次放入瓶中，倒入凉开水。

6.盖上盖子，放到冰箱中冷藏16小时左右，即可饮用。

蔬果营养秘密

哈密瓜
HONEYDEW MELON
　　哈密瓜含有维生素A、B族维生素、维生素C等营养元素，不仅能够消暑解渴，而且可以美白肌肤。

苹果
APPLE
　　"一天一个苹果，医生远离我"，苹果营养丰富，其所含的多酚能有效延缓衰老，抗氧化作用强。

晶莹透亮，喝起来畅快无比

柚萝姜味水

🏺 材料

葡萄柚50克，菠萝80克，生姜5克，肉桂棒10克，凉开水300毫升

🥛 做法

1. 菠萝切成厚4厘米左右的小块，并用牙签戳刺切面，以使味道更容易出来。
2. 葡萄柚洗净去皮，切成半月形；生姜带皮磨碎；肉桂棒用流水冲洗干净。
3. 将菠萝块、半月形葡萄柚、生姜碎、肉桂棒依次放入瓶中，加入适量凉开水。
4. 盖上瓶盖，放到冰箱冷藏12小时左右，即可饮用。

蔬果营养秘密

菠萝
PINEAPPLE

　　菠萝维生素含量非常丰富，不仅可以促进肌肤新陈代谢，使得皮肤呈现健康状态，而且可以润泽肌肤。

亮泽头发

健康的头皮使得头发乌黑亮丽。想要美丽
的头发，可以给头皮按摩，让头皮放松，
还可以多饮用以富含维生素C与矿物质食
材制作的排毒水。

温和香气的莓姜水

蓝莓生姜水

材料

香蕉40克，蓝莓80克，生姜5克，肉桂棒10克，凉开水350毫升

做法

1.生姜洗净，带皮切成薄片。

2.香蕉剥掉果皮，直切成2等份后再切成2段。

3.肉桂棒冲洗净，用开水烫2分钟后取出。

4.依次将蓝莓、生姜薄片、香蕉段、肉桂棒的放入备好的瓶中，加入适量凉开水。

5.盖上瓶盖，放到冰箱冷藏6小时左右，即可饮用。

蔬果营养秘密

蓝莓
BLUEBERRY

蓝莓含有花青素、果胶、花色苷、维生素C等营养成分，可以乳化人体中的脂肪和胆固醇，促进其排出体外，从而达到调节血压的功效。

香蕉
BANANA

香蕉含有丰富的B族维生素、维生素C、钾、磷等营养元素，具有增强头发的弹性和润泽度等作用。

甜瓜红椒水

草莓迷迭香水

清香香甜的成熟风味

草莓迷迭香水

红椒的甘甜气息更诱人

甜瓜红椒水

扫一扫，看视频

材料

迷迭香5克，草莓70克，气泡水（无糖）350毫升，蜂蜜15毫升

材料

红椒10克，甜瓜50克，凉开水300毫升

做法

1. 草莓去蒂洗净，对半切成心形。
2. 迷迭香以手轻轻揉搓，促使其香味散出。
3. 将草莓、迷迭香、蜂蜜装入瓶中，根据个人喜好，倒入适量气泡水。
4. 盖上盖子，放入冰箱冷藏6小时左右，即可饮用。

做法

1. 甜瓜洗净，去皮切成块状，再切成厚2厘米左右的丁状。
2. 红椒以流水冲洗干净，切成厚3毫米左右的圆圈状。
3. 依次将甜瓜块、红椒圈放入瓶中，加入适量凉开水。
4. 盖上盖子，放入冰箱冷藏2~10小时，即可饮用。

蔬果营养秘密

迷迭香
ROSEMARY

迷迭香会散发出一种清香气味，具有清心提神等作用。

红椒
CAYENNE PEPPER

红椒含有丰富的维生素C、胡萝卜素，有利于促进头发与皮肤的健康生长。

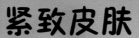

紧致皮肤

岁月是女性的天敌，随着年龄的增长，皮肤开始松弛没有弹性。我们虽然无法阻止时间前进，但是可以通过饮用富含维生素C等营养元素的排毒水来改善肌肤，让皮肤充满弹性。

治愈身心的清新排毒水

蓝柠提拉水

⚖ 材料

猕猴桃20克，蓝莓100克，柠檬4克，凉开水320毫升

👨‍🍳 做法

1.猕猴桃去皮，切成圆薄片。

2.柠檬以流水冲洗干净，带皮切成厚2毫米左右的薄片。

3.依次将蓝莓、猕猴桃圆片、柠檬薄片放入瓶中，放入适量凉开水。

4.盖上瓶盖，放到冰箱冷藏16小时左右，即可饮用。

蔬果营养秘密 ♥

蓝莓
BLUEBERRY

蓝莓含有花青素、钙、铁、磷等营养成分，具有防止脑神经老化、增强机体免疫等功效。

猕猴桃
KIWI FRUIT

猕猴桃富含维生素C，不仅可以强化免疫系统，而且可以让皮肤焕发光彩，起到美容作用。

慢慢享受清新的香气

蓝莓葡萄柚水

材料

葡萄柚30克，蓝莓80克，薄荷叶3克，凉开水350毫升

做法

1.葡萄柚洗净去皮，切成圆片。

2.用手轻轻揉搓薄荷叶，使香味散出。

3.依次将蓝莓、葡萄柚圆片、薄荷叶放入瓶中，倒入凉开水。

4.盖上盖，放入冰箱冷藏12小时左右，即可饮用。

蔬果营养秘密

薄荷
MINT

薄荷含有钙、镁、锰、锌、铁、钠等营养成分，具有增强免疫力、消炎止痛等功效。

青柠的酸味让排毒水口感更丰富

青柠草莓水

🔳 材料

青柠20克，草莓80克，凉开水350毫升

🎩 做法

1.草莓去蒂洗净，切成小瓣。

2.青柠洗净，切成厚2毫米左右的薄片。

3.将草莓瓣、青柠薄片依次放入瓶中，放入适量凉开水。

4.盖上瓶盖，放到冰箱冷藏6小时左右，即可饮用。

蔬果营养秘密

青柠
LIME
　　青柠含有丰富的维生素C，具有改善血液循环、消除疲劳、增强记忆力等作用。

去除粉刺

脸上长粉刺很影响整体美观，尤其令人担心的是粉刺消得不彻底，还会留下坑坑洼洼的印记。去除粉刺，除了要注意饮食外，还可以选择具有排毒功效的蔬果水。

清爽的甜味与辛辣的香味相谐调

柳橙肉桂水

材料

肉桂棒5克，柳橙80克，罗勒叶5克，凉开水300毫升

做法

1.柳橙洗净，不用去皮，切成厚5毫米左右的圆片。

2.将柳橙圆片、肉桂棒、罗勒叶依次放进瓶中，倒入凉开水。

3.盖上盖子，放入冰箱冷藏5小时左右，即可饮用。

蔬果营养秘密

柳橙
ORANGE

　　柳橙含有丰富的维生素C，具有抗氧化的作用，在一定程度上能够预防粉刺，降低粉刺对肌肤的伤害。

薄荷
MINT

　　薄荷散发出一种独特的香气，能够让人放松身体，具有缓解疲劳的功效。

安抚身心的温柔美味

蜜桃降火水

材料

茉莉花茶5克，桃子60克，柠檬3克，生姜3克，凉开水350毫升，开水少许

做法

1. 桃子洗净，去皮与核，切成厚2厘米左右的月牙形；柠檬洗净切成厚3毫米左右的半月形薄片；生姜切成薄片；将茉莉花茶放入茶包袋中。

2. 将茶包放入瓶中，倒入少许开水，盖上盖子浸泡3分钟，取出茶包，使茶水冷却。

3. 待茉莉花茶冷却后，依次将柠檬薄片、生姜薄片、半月形桃子放入瓶中，倒入适量凉开水。

4. 盖上瓶盖，放入冰箱冷藏约8小时，即可饮用。

蔬果营养秘密

桃子
PEACH

桃子不仅含水量丰富，还含有蛋白质、钙、铁、苹果酸和柠檬酸等营养物质，具有解渴、滋润肌肤等作用。

令人心情愉悦的黄色清新水

木瓜菠萝水

材料

菠萝60克，木瓜80克，猕猴桃40克，凉开水350毫升

做法

1. 木瓜去皮对切，用勺子去除木瓜籽后，洗净切成小块。
2. 菠萝去皮，切成3厘米左右的块状。
3. 猕猴桃去果皮，切成小圆片。
4. 将上述食材放入瓶中，倒入适量凉开水。
5. 盖上瓶盖，放到冰箱冷藏6小时左右，即可饮用。

蔬果营养秘密

木瓜
PAWPAW

木瓜含木瓜酵素、维生素A、维生素C等，这些成分能促进肌肤代谢，帮助溶解毛孔中的皮脂及老化角质，让肌肤更明亮，清新。

紫色主题，高雅酸甜超美味

紫甘蓝苹果蓝莓水

 材料

苹果80克，紫甘蓝20克，蓝莓40克，
柠檬汁5毫升，凉开水350毫升

做法

1. 紫甘蓝洗净，切成细丝。
2. 苹果洗净去皮与核，切成厚2厘米左右的块。
3. 蓝莓以流水冲洗干净，备用。
4. 依次将紫甘蓝细丝、苹果块、蓝莓、柠檬汁放入瓶中，倒入适量凉开水。
5. 盖上盖子，放入冰箱冷藏6小时左右，即可饮用。

蔬果营养秘密

紫甘蓝
PURPLE CABBAGE

紫甘蓝含有维生素E、花青素等抗氧化成分，能够清除人体体内的自由基，有助于延缓细胞的衰老。

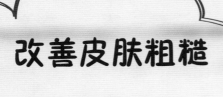

改善皮肤粗糙

造成皮肤粗糙的原因有许多，例如睡眠不足、疲劳、饮食不均衡等。想要改善皮肤，从内到外唤醒肌肤，就要多多食用富含维生素C、维生素A等营养元素的食材。

淡淡的香甜气息，细腻温柔

芒果柳橙水

⚖ 材料

柳橙80克，芒果25克，蜂蜜15毫升，凉开水350毫升

🍶 做法

1.芒果洗净去皮，切成厚5毫米左右的薄片。

2.柳橙洗净，去果皮后，切成厚4毫米左右的薄片。

3.将芒果薄片、柳橙薄片、蜂蜜放入瓶中，加入适量凉开水，以搅拌棒充分搅匀。

4.盖上盖子，放入冰箱冷藏6小时左右，即可饮用。

蔬果营养秘密

芒果
MANGO

　　芒果含有维生素A、维生素C、维生素B、胡萝卜素等，不仅可以消除疲劳，还具有淡化斑点、强健肌肤的作用。

柳橙
ORANGE

　　柳橙中含有丰富的果胶、蛋白质及维生素B_1、维生素 B_2、维生素C等，具有开胃消食、增强肌肤弹性等功效。

散发温和口感的苹果派风味

蜂蜜焕肤水

⚖ 材料

蜂蜜30毫升，苹果100克，苏打水300毫升

🥛 做法

1. 苹果洗净，带皮切成4等份，再切成厚5毫米的片。
2. 将准备好的苹果放入瓶中，倒入苏打水。
3. 盖上瓶盖，放入冰箱冷藏3小时左右。
4. 取出泡好的苹果苏打水，加入适量蜂蜜，即可饮用。

蔬果营养秘密

苹果
APPLE

苹果含有碳水化合物、维生素A、有机酸、果胶、苹果酸等营养元素，具有预防皮肤干燥，润泽皮肤的作用。

预防晒斑

夏天太阳毒辣，很容易晒黑。肌肤比我们想象中的还要脆弱，除了涂防晒霜等防晒措施外，还可以饮用具有增强细胞抗晒能力的排毒水，让你安心度过整个夏日。

甜甜的味道，满足你的味蕾

葡萄维生素C水

🍳 材料

蓝莓40克，葡萄60克，柳橙30克，凉开水350毫升

🥤 做法

1.葡萄以流水冲洗干净，对半切开。

2.柳橙洗净去皮，切成薄圆片。

3.将柳橙圆片、葡萄、蓝莓依次放入瓶中，倒入凉开水。

4.盖上瓶盖，放到冰箱冷藏6小时左右，即可饮用。

蔬果营养秘密

葡萄
GRAPE

　　葡萄含有维生素C、维生素B_1、黄酮类物质等，具有防晒作用。

柳橙
ORANGE

　　柳橙中含有丰富的果胶、钙、磷、铁及维生素B_1、维生素B_2、维生素C等，其果皮中还含有橙皮素，能够健胃、祛痰、镇咳。

汁水丰富的黄色系排毒水

哈密瓜美颜水

材料

橙子30克，哈密瓜120克，肉桂棒10克，凉开水350毫升

做法

1.将哈密瓜去皮与核，切成厚2厘米左右的方块。

2.柳橙去果皮，取果肉，切成厚1厘米的片状，把厚片对半切开。

3.将肉桂棒洗净，备用。

4.将哈密瓜块、柳橙片、肉桂棒放入瓶中，放入适量凉开水。

5.盖上盖子，放到冰箱冷藏6小时左右，即可饮用。

蔬果营养秘密

哈密瓜
HONEYDEW MELON

　　哈密瓜中含有丰富的抗氧化剂，能够有效增强人体细胞抗晒的能力，减少皮肤黑色素的形成。

柳橙
ORANGE

　　柳橙中含有丰富的果胶、钙、磷、铁及维生素B_1、维生素B_2、维生素C等，其果皮中还含有橙皮素，能够健胃、祛痰、镇咳。

第五章

排毒水，让你与健康亲吻

　　"健康是革命的本钱"，虽然有些不适症状还没有到吃药或者去医院看病的地步，但是身体上的一些小毛病也会使人难受。这种时候，能够有效缓解不适症状的排毒水或许对你有帮助。蔬果的营养力量渗入人体，细胞慢慢恢复元气，人也会跟着精神起来。

预防中暑

夏天酷热无比，当外界温度超过了人体可
承载温度时，容易导致中暑。燥热无比
时，饮用一杯冰爽的排毒水，消暑解渴，
清凉感十足。

汁水丰富，口感清凉

西瓜罗勒葡萄水

材料

葡萄40克，西瓜100克，罗勒叶5克，凉开水350毫升

做法

1.西瓜去皮，将果肉切成厚4厘米左右的方块。

2.葡萄以流水冲洗干净，对半切开。

3.罗勒叶放在手心轻轻揉搓，使香味散出。

4.依次将西瓜块、葡萄、罗勒叶放入瓶中，倒入适量凉开水。

5.盖上盖子，放到冰箱冷藏10小时，即可饮用。

蔬果营养秘密

西瓜
WATERMELON

西瓜中含有大量的水分，具有清热解暑、除烦解渴的功效。在夏日吃上西瓜，口渴汗多等症状会得到缓解。

葡萄
GRAPE

葡萄富含葡萄糖，容易被人体吸收，能缓解低血糖症状。

颜色亮丽，喝起来很美味

菠萝芒果草莓水

🏋 材料

芒果40克，菠萝80克，草莓20克，苹果60克，薄荷叶5克，凉开水350毫升

🥛 做法

1.芒果去皮，将果肉切成小块。

2.苹果冲洗干净，带皮切成小块。

3.菠萝切成厚2厘米左右的小块。

4.草莓以流水洗净，切成4等份。

5.用手轻轻揉搓薄荷叶，促使香味散发。

6.依次将芒果块、苹果块、菠萝块、草莓、薄荷叶放入瓶中，倒入适量凉开水。

7.盖上瓶盖，放到冰箱冷藏6小时，即可饮用。

蔬果营养秘密 💙

芒果
MANGO

　　芒果汁水多而果肉香，被誉为"热带水果之王"。它含有丰富的矿物质及维生素以及碳水化合物，具有解渴生津、止晕眩等功效。

菠萝
PINEAPPLE

　　菠萝汁多味甜，有特殊香味，是夏令医食兼优的时令佳果，具有解暑止渴、消食止泻等功效。

促进睡眠

优质的睡眠非常重要，但是紧张、心情烦躁等原因，会导致我们无法安然入睡。睡眠不好，不妨试着饮用具有放松心情功效的排毒水。

淡淡香气，安抚身心

葡萄柚薰衣草水

⚖ 材料

葡萄柚60克，薰衣草（干燥）15克，柠檬20克，冰块适量，开水200毫升

🥛 做法

1. 薰衣草放入茶包袋中，倒入适量开水，静置放凉备用。
2. 葡萄柚洗净去皮，切成圆形薄片。
3. 柠檬洗净，切成圆片。
4. 依次将葡萄柚薄片、柠檬圆片放入瓶中，可根据喜好加入适量冰块。
5. 将薰衣草茶倒入瓶中，盖上盖子，放入冰箱冷藏6小时左右，即可饮用。

蔬果营养秘密

葡萄柚
GRAPEFRUIT

　　葡萄柚含有糖类、维生素B$_1$、维生素B$_2$、维生素C、维生素P、胡萝卜素等营养成分，不仅有益于美化和保健肌肤，还能消除疲劳。

柠檬
LEMON

　　柠檬含有一种独特的香气，能够让人放松心情，在一定程度上有助于睡眠。

温和香味的黄蓝色系排毒水

蓝莓菠萝罗勒水

材料

菠萝40克，蓝莓60克，罗勒叶5克，凉开水320毫升

做法

1. 菠萝去皮洗净，切成厚1厘米左右的方块。
2. 将罗勒叶放置手心揉搓，至香味散出。
3. 依次将蓝莓、菠萝块、罗勒叶放入瓶中，倒入适量凉开水。
4. 盖上盖子，放到冰箱冷藏16小时，即可饮用。

蔬果营养秘密

罗勒
BASIL

罗勒含有维生素E、β-胡萝卜素等营养元素，能够安抚情绪。

味道独特，喝起来却很舒服

姜柚苹果柠檬水

🔖 材料

苹果20克，葡萄柚60克，生姜4克，柠檬5克，凉开水300毫升

🏺 做法

1.葡萄柚去皮，切成圆薄片。

2.苹果洗净，切成厚4毫米的薄片。

3.柠檬洗净，切成厚3毫米左右的扇形薄片。

4.生姜洗净去皮后磨碎。

5.依次将葡萄柚薄片、苹果薄片、柠檬片、生姜碎放入瓶中，倒入适量凉开水。

6.盖上盖子，放到冰箱冷藏10小时，即可饮用。

蔬果营养秘密

苹果
APPLE

　　苹果营养丰富，含有蛋白质、维生素B族、维生素C、钾、锌等营养成分，食用后具有安神作用。

生姜
GINGER

　　生姜的挥发油，能增强胃液的分泌和肠壁的蠕动，从而促进消化。

微辣口感，由内而外温暖身体

西红柿生姜水

⚖ 材料

生姜5克，西红柿80克，干红辣椒3克，凉开水350毫升

🥛 做法

1.西红柿去蒂洗净，切成厚2厘米左右的丁。

2.生姜洗净，带皮切成薄片。

3.干红辣椒洗净，切开去籽。

4.把西红柿丁、生姜薄片、红辣椒放入瓶中，倒入凉开水。

5.盖上盖子，放入冰箱冷藏7小时左右，即可饮用。

蔬果营养秘密 ♥

生姜
GINGER

生姜的挥发油，能增强胃液的分泌和肠壁的蠕动，从而促进消化。

西红柿
TOMATO

西红柿含有番茄红素、胡萝卜素、维生素B和维生素C等营养成分，对肾炎病人具有很好的食疗作用，还有防癌的功效。

提高免疫力

免疫力低下，各种身体不适状况接踵而来。水果本身就是提高免疫力的营养素宝库，想要增强免疫力，就多多饮用以水果为主要原料的排毒水吧。

酸甜口感的清新水

猕猴桃柠檬水

材料

青柠10克，猕猴桃60克，柠檬5克，凉开水320毫升

做法

1.猕猴桃去皮，取果肉切成4片圆片，再对半切开。

2.将柠檬和青柠分别切成厚5毫米左右的薄片。

3.将猕猴桃圆片、青柠薄片、柠檬薄片依次放入瓶中，倒入适量凉开水。

4.盖上盖子，放到冰箱冷藏6小时，即可饮用。

蔬果营养秘密

猕猴桃
KIWI FRUIT

  猕猴桃富含维生素C、胡萝卜素、钙、磷、铁等营养物质，不仅能提亮肤色，还能增强机体免疫力。

柠檬
LEMON

  柠檬含有维生素B_2、烟酸、柠檬酸、苹果酸、橙皮苷、钙、磷、铁等营养成分，具有增强免疫力、降血压等功效。

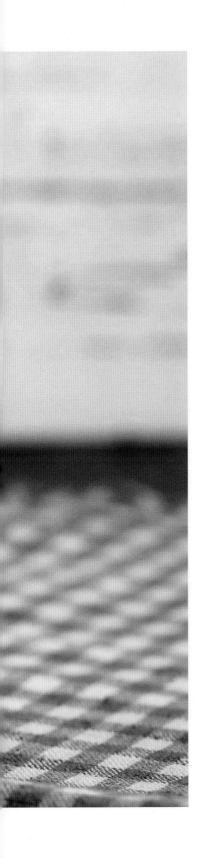

白黄搭配，清爽美味

白萝卜蜂蜜水

材料

柠檬50克，白萝卜50克，蜂蜜10毫升，凉开水350毫升

做法

1.白萝卜洗净去皮，切成厚2厘米左右的丁状。

2.柠檬洗净，切成厚5毫米左右的圆片。

3.将白萝卜丁、柠檬圆片、蜂蜜依次放入瓶中，倒入适量凉开水，并以搅拌棒搅匀。

4.盖上盖子，放入冰箱冷藏8小时左右，即可饮用。

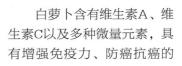

蔬果营养秘密

白萝卜
TERNIP

　　白萝卜含有维生素A、维生素C以及多种微量元素，具有增强免疫力、防癌抗癌的功效。

舒缓眼疲劳

眼睛疲劳时，饮用含有维生素A、维生素B群、维生素C的排毒水，可以起到强健黏膜、抗氧化的作用。此外，也要注意闭眼休息一下。

酸甜结合得恰到好处

红葡萄草莓水

⚖ 材料

草莓40克，红葡萄40克，紫甘蓝20克，凉开水350毫升

🎩 做法

1. 红葡萄以流水冲洗干净，带皮对半切开。

2. 草莓去蒂洗净，纵向切成两半。

3. 紫甘蓝洗净，切成大块。

4. 将红葡萄、草莓、紫甘蓝块依次装入瓶中，倒入凉开水。

5. 盖上盖子，放入冰箱冷藏2~10小时，即可饮用。

蔬果营养秘密

葡萄
GRAPE
葡萄含有丰富的葡萄糖、花青素等营养成分，能够清除体内自由基，缓解眼疲劳，帮助眼球恢复弹性。

紫甘蓝
PURPLE CABBAGE
紫甘蓝富含B族维生素、维生素C、花青素和纤维素等，能够增强人体活力，帮助减肥。

口感甘甜，香味十足

橘子草莓水

材料

草莓40克，橘子80克，凉开水200毫升

做法

1.将橘子果皮剥掉，切成小薄片。

2.草莓去蒂，用清水冲洗干净，对切成心形。

3.将橘子薄片、心形草莓一起装进瓶中，加入适量凉开水。

4.盖上瓶盖，放入冰箱冷藏2小时左右，即可饮用。

蔬果营养秘密

橘子
TANGERINE

　　橘子富含蛋白质、苹果酸、维生素C、柠檬酸，不仅能够降低人体胆固醇，还可以养护眼睛。

不一样的口感，喝起来也很美味

葡萄干紫苏水

🍯 材料

青紫苏30克，葡萄干（无籽）50克，凉开水200毫升

🥛 做法

1.葡萄干洗净，用手撕成两半。

2.青紫苏先用清水冲洗干净，再以手撕成两半。

3.将葡萄干、青紫苏放入瓶中，倒入适量凉开水，并用搅拌棒充分搅匀。

4.盖上盖子，放入冰箱冷藏8小时左右，即可饮用。

蔬果营养秘密

紫苏
PERILLA

　　紫苏富含β-胡萝卜素、钙、铁等，不仅具有杀菌防腐作用，还可以促进胃液分泌，帮助消化。

葡萄干
RAISIN

　　葡萄干中含有多种人体必需的氨基酸，钙、铁元素的含量也十分丰富，经常吃对过度疲劳者有较好的补益作用。

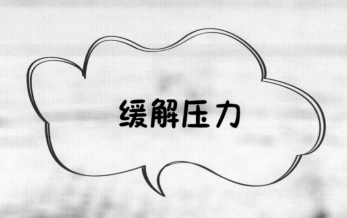

缓解压力

随着生活节奏加快，生活压力也越来越大。如果压力不断在心中积累，会导致大量负面情绪，不仅影响生活，还会对身体产生不利影响。含有维生素C和钾元素的排毒水可以帮助缓解压力。

甜蜜的香气，帮助恢复元气

菠萝哈密瓜水

材料

哈密瓜70克，菠萝60克，罗勒叶3克，冰块适量，开水200毫升

做法

1.菠萝去掉果皮，洗净后切成厚1厘米左右的小丁。

2.哈密瓜去果皮后，挖掉籽，切成厚1厘米左右的丁状。

3.将菠萝丁、哈密瓜丁、罗勒叶依次放入瓶中，依喜好加入冰块。

4.倒入适量开水，盖上盖子，放入冰箱冷藏4小时左右，即可饮用。

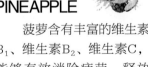

蔬果营养秘密

菠萝
PINEAPPLE

　　菠萝含有丰富的维生素B$_1$、维生素B$_2$、维生素C，能够有效消除疲劳，释放压力。

哈密瓜
HONEYDEW MELON

　　哈密瓜含蛋白质、维生素C、磷、钠、钾等，身心疲倦、烦闷焦躁时，食用哈密瓜会有所改善。

清新透亮，治愈心灵

柠檬醒神水

材料

柠檬10克，柳橙80克，迷迭香6克，凉开水320毫升

做法

1.柳橙剥掉果皮，切条状备用；柠檬洗净，切成厚4毫米的薄片。

2.用手轻轻揉搓迷迭香，促使其香味散发。

3.依次将柳橙条、柠檬薄片、迷迭香放入瓶中，倒入适量凉开水。

4.盖上盖子，放到冰箱冷藏6小时，即可饮用。

蔬果营养秘密

柳橙
ORANGE

柳橙中维生素C含量非常丰富，可以提供因压力大而消耗的大量维生素C，帮助稳定情绪，缓解压力。

柠檬
LEMON

柠檬含有烟酸和丰富的有机酸，有利于调节人体酸碱度。

柠檬的酸感丰富了风味

蕉芒草本水

材料

柠檬5克，芒果80克，香蕉30克，凉开水300毫升

做法

1.芒果去皮，切成丁；柠檬洗净，切成薄片；香蕉
  剥去果皮，切成厚1厘米左右的薄片。
2.依次将芒果丁、柠檬薄片、香蕉薄片放入瓶中，
  倒入适量凉开水。
3.盖上盖子，放到冰箱冷藏12小时，即可饮用。

蔬果营养秘密

芒果
MANGO

　　芒果自身散发出一种独
特的香味，能够帮助人们缓解
心理压力。

缓解痛经

对于女性来说，痛经是件很痛苦的事情。当下腹及腰骶部疼痛时，心情也跟着糟糕起来。利用排毒水缓解经前综合征，减轻痛经，是一个很有效的办法，不妨试试呢。

亮丽醒目的新鲜排毒水

莓橙香蕉肉桂水

材料

柳橙40克，草莓60克，肉桂棒8克，香蕉30克，温水350毫升

做法

1.草莓洗净，切成4等份。

2.柳橙去皮，切成圆薄片。

3.香蕉去皮，对半切开，再切成块。

4.依次将草莓、柳橙圆片、香蕉块、肉桂棒放入瓶中，倒入适量温水。

5.盖上盖子，摇晃均匀后，即可饮用。

蔬果营养秘密

柳橙
ORANGE

　　柳橙含有丰富的碳水化合物、维生素A、维生素C、胡萝卜素等，具有抑制焦躁情绪，缓解经前综合征的作用。

草莓
STRAWBERRY

　　草莓所含的胡萝卜素是合成维生素A的重要物质，具有明目养肝作用。

双萄水　　　　　　　　芒果尖椒水

好好享受清凉甜味

双萄水

⚖ 材料

青葡萄50克，红葡萄50克，温水350毫升

🥛 做法

1. 红葡萄仔细清洗干净，带皮对半切开。
2. 青葡萄以流水冲洗干净，带皮纵向切成两半。
3. 把红葡萄、青葡萄放入瓶中，倒入适量温水，并以搅拌棒搅匀。
4. 盖上盖子，摇晃均匀后，即可饮用。

醇香微辣的排毒水

芒果尖椒水

⚖ 材料

尖椒10克，芒果80克，温水350毫升

🥛 做法

1. 芒果洗净，去掉皮和果核，再切成小块。
2. 尖椒去蒂洗净，斜着切成小块。
3. 把芒果块、尖椒块放入瓶中，倒入适量温水，并用搅拌棒充分搅匀。
4. 盖上盖子，摇晃均匀后，即可饮用。

蔬果营养秘密 ♥

葡萄 GRAPE

葡萄含有葡萄糖等营养物质，是补血的佳品。在经期，女性会有贫血、气血不足等症状，食用葡萄能够起到一定的缓解作用。

尖椒 PEPPER

尖椒中含有丰富的维生素C、叶酸、镁、钾、辣椒素等成分，不仅能够带来美味口感，还能改善手脚冰凉、容易贫血等症状。

预防贫血

贫血会导致脸色苍白、失眠、记忆力衰退等不良症状。针对贫血，最建议摄取的是富含铁元素的食材。补血排毒水不仅美味，还有助于预防贫血。

红黄相间的排毒水，让人放松心情

草莓香蕉水

材料

香蕉40克，草莓40克，红彩椒20克，凉开水350毫升

做法

1. 草莓去蒂洗净，对半切成心形。

2. 香蕉剥掉果皮，斜着切成薄片。

3. 红彩椒去蒂洗净，去掉籽，切成厚1厘米左右的细丝。

4. 将心形草莓、香蕉薄片、红彩椒丝依次放入瓶中，倒入适量凉开水。

5. 盖上盖子，放入冰箱冷藏2~10小时左右，即可饮用。

蔬果营养秘密

香蕉
BANANA

　　香蕉含有丰富的胡萝卜素、铁元素，能够促进血液内血红蛋白的产生，预防贫血。

红彩椒
RED PEPPER

　　彩椒含有维生素、糖类、纤维素、钙、磷、铁等营养成分，具有缓解疲劳、促进血液循环、补血等功效。

亮丽的色彩，漂亮又美味

芒果草莓柠檬水

材料

草莓60克，芒果100克，柠檬5克，凉开水350毫升

做法

1.柠檬洗净，切成厚2毫米左右的薄片。

2.芒果去皮，果肉切丁。

3.草莓去蒂洗净，切成厚3毫米的薄片。

4.依次将草莓薄片、柠檬薄片、芒果丁放入瓶中，倒入适量凉开水。

5.盖上盖子，放到冰箱冷藏10小时，即可饮用。

蔬果营养秘密

草莓
STRAWBERRY

　　草莓含有维生素C、维生素B$_1$、维生素B$_2$、钾、铁等营养成分，不仅能预防贫血，还能预防坏血病、冠心病等。

预防口臭

口臭真的很惹人心烦，有时候甚至想拒绝开口说话，而且它在一定程度上影响着生活。口气清新，说起话来都底气满满。来一杯爽口排毒水，不仅能满足味蕾，还能缓解口臭。

酸酸甜甜的味道容易让人上瘾

菠萝柠檬水

🔲 材料

菠萝100克，柠檬60克，凉开水350毫升

🥛 做法

1. 菠萝去皮洗净，切成厚4厘米左右的方块。

2. 柠檬以流水冲洗干净，切成厚3毫米的薄片。

3. 依次将切好的菠萝块、柠檬薄片放入瓶中，倒入适量凉开水。

4. 盖上盖子，放入冰箱冷藏6小时左右，即可饮用。

蔬果营养秘密

柠檬
LEMON

　　柠檬是一种酸味食物，其所含的酸性物质能够促进唾液分泌，对预防以及缓解口臭有很好的作用。

菠萝
PINEAPPLE

　　菠萝中所含糖、盐类和酶，有利尿作用，适当食用菠萝，对肾炎、高血压病患者有益。

缓和胃肠胀气

肚子难受，什么都不想吃？你可以利用一些有助于消化的食材，如菠萝、香蕉、草莓等，制作美味排毒水。这样既能补充水分与能量，还能帮助消化，有效改善肚子不适等症状。

清新有深度的美好口感

香蕉消食水

材料

猕猴桃40克，香蕉80克，薄荷叶5克，菠萝40克，凉开水350毫升

做法

1.菠萝去皮洗净，切成薄片。

2.香蕉剥掉果皮，切成厚5毫米的圆片。

3.猕猴桃去皮，切成厚5毫米左右的圆片。

4.用手轻轻揉搓薄荷叶，使香味散出。

5.依次将猕猴桃圆片、香蕉圆片、薄荷叶、菠萝薄片放入瓶中，倒入适量凉开水。

6.盖上盖子，放到冰箱冷藏14小时，即可饮用。

蔬果营养秘密

猕猴桃
KIWI FRUIT

　　猕猴桃富含多酚、维生素等营养成分，具有抗氧化、抗衰老、消炎等作用。

香蕉
BANANA

　　香蕉含有纤维素、维生素C、钾、磷等营养成分，具有缓解胃肠胀气的功效。

充满甜味的热带风味

菠萝姜汁水

材料

生姜3克，菠萝100克，蜂蜜5毫升，凉白水250毫升

做法

1. 菠萝去皮后，以流水冲洗干净，切成厚2厘米左右的小丁。
2. 生姜洗净，去皮后切成厚3毫米左右的薄片。
3. 将菠萝丁、生姜薄片、蜂蜜装入瓶中，加入适量凉开水，并用搅拌棒充分搅拌。
4. 盖上盖子，放入冰箱冷藏2~10小时，即可饮用。

蔬果营养秘密

菠萝
PINEAPPLE

　　菠萝又酸又甜，含有一种能分解蛋白质的蛋白酶，能够有效缓解腹泻以及消化不良症状。

缤纷的外观能够让你元气大振

缤纷气泡水

扫一扫，看视频

🧂 材料

蓝莓10克，草莓60克，蜂蜜15毫升，柳橙20克，薄荷叶适量，气泡水（无糖）300毫升

🍺 做法

1.草莓洗净去蒂头，对半切成心形。

2.柳橙洗净去皮，切成圆薄片。

3.依次将草莓、蓝莓、柳橙薄片、蜂蜜、薄荷叶放入瓶中，加入适量气泡水。

4.盖上盖子，将其置于冰箱中冷藏1晚，即可饮用。

蔬果营养秘密

蓝莓
BLUEBERRY

蓝莓富含维生素A、果胶等，不仅有利于视力，还能够改善便秘，预防痔疮。